Praxistipps IT

# Python für die Wirtschaftsprüfung

## Einstieg in die Automatisierung von Datenanalysen

Tobias Dreixler

Das Thema Nachhaltigkeit liegt uns am Herzen:

Die IDW Verlag GmbH ist ein Unternehmen des Instituts der Wirtschaftsprüfer in Deutschland e. V. (IDW).

Satz: Reemers Publishing Services GmbH, Krefeld
Druck und Bindung: C.H.Beck, Nördlingen
KN 12068

Der in diesem Werk verwendete Begriff „Wirtschaftsprüfer" umfasst sowohl Wirtschaftsprüfer und Wirtschaftsprüferinnen als auch Wirtschaftsprüfungsgesellschaften. Er umfasst bei Prüfungen, die von genossenschaftlichen Prüfungsverbänden oder von Prüfungsstellen der Sparkassen- und Giroverbände sowie von vereidigten Buchprüfern, vereidigten Buchprüferinnen und Buchprüfungsgesellschaften durchgeführt werden dürfen, auch diese.



ISBN 978-3-8021-2769-4

Bibliografische Information der Deutschen Bibliothek
Die Deutsche Bibliothek verzeichnet diese Publikation in der Deutschen Nationalbibliografie; detaillierte bibliografische Daten sind im Internet über http://www.d-nb.de abrufbar.

Coverfoto: www.adobestock.com/Ver.1.02

www.idw-verlag.de

# Inhaltsverzeichnis

# Vorwort

Die Digitalisierung und Künstliche Intelligenz schreiten auf vielen Gebieten aktuell rasant voran. Python ist aufgrund seiner aktuellen Beliebtheit unter Entwicklern auch einer der Treiber dieser Entwicklung. So verfügt das Sprachmodell ChatGPT selbst über eine Python-Schnittstelle.[1] Diese Entwicklung wird zu einer weiteren Vernetzung und Automatisierung von einfachen Routinetätigkeiten, insbesondere im Bereich der Datenanalysen führen. Wirtschaftsprüfer sollten daher die neuen Möglichkeiten, die diese Entwicklung bietet, verstehen, um sie selbst aktiv gestalten zu können.

Ziel dieses Buches ist es, Wirtschaftsprüfer, auch denjenigen ohne Vorerfahrung im Umgang mit Programmiersprachen, in die Lage zu versetzen, Python-Code zu erlernen und als Datenanalyse-Werkzeug erfolgreich in der Praxis einsetzen zu können. Nach einer Einführung in Sprache und relevante Python-Bibliotheken wird Ihnen anhand von acht anwendungsbezogenen Projekten aufgezeigt, wie Sie Python zur Automatisierung von manuellen Routinetätigkeiten anwenden und sich damit die tägliche Arbeit erleichtern können.

Aufgrund seiner umfassenden Unterstützung durch die Python-Community lassen sich nicht zuletzt kurze und verständliche Programme für komplexe Aufgaben schreiben, wie bereits im ersten Projekt gezeigt wird. Zudem läuft Python-Code auf allen wichtigen Betriebssystemen.

Python ist dabei in der Lage, große Datenmengen nicht nur aus internen, sondern auch aus externen Datenquellen unabhängig vom Datentyp zu verarbeiten (Stichwort: Web Scraping). Wie sich relevante Marktdaten für eine Unternehmensbewertung oder einen Prognosebericht im Rahmen der Prüfung des Lageberichts aus externen Datenquellen ermitteln und darstellen lassen, darf daher in der Liste von praktischen Anwendungsfällen nicht fehlen und soll insoweit auch gezeigt werden.

Mit Python, ergänzt um ein passendes Webframework, kann sich eine Idee in kurzer Zeit zu einem funktionierenden Datenanalyseprogramm fortentwickeln und als Web-App veröffentlicht werden.

1 Vgl. https://platform.openai.com/docs/api-reference

Abschließend noch ein Hinweis: Die Menge an Ressourcen macht es einem Einsteiger leicht, in die Python-Welt hineinzuschnuppern und die ersten Schritte zu wagen. Auch ich habe während der Corona-Pandemie auf diese Art und Weise meine ersten Schritte gemacht und viele Ressourcen kennengelernt. Einige hiervon habe ich für das Buch verwendet und somit referenziert. Soweit es sich um Internetressourcen handelt, wurden alle von mir am 6. April 2023 abgerufen. Allerdings gibt es von mir an dieser Stelle keinen „besten" Tipp. Machen Sie selbst Ihre Erfahrung – und am besten durch eigene Projekte. Die Python-Community hat auf jeden Fall dafür gesorgt, dass der Umsetzung von Ideen keine Grenzen gesetzt sind.

Nach so vielen Worten habe ich noch eine Bitte: In der Hoffnung, Ihre Erwartung an dieses Buch zu erfüllen, geben Sie mir Ihr Feedback. Ich bin für jede Kritik und Anregung offen und versuche diese bei der nächsten Aktualisierung zu berücksichtigen.

# 1 Python für die Wirtschaftsprüfung

**Das Berufsbild der Wirtschaftsprüfer verändert sich durch die digitale Transformation zunehmend und Wirtschaftsprüfer sehen sich dabei einer Datenflut ausgesetzt. Der sichere Umgang mit diesen Daten ist daher unentbehrlich geworden. In diesem Kontext kommt Python ins Spiel – die derzeit beliebteste und wohl am einfachsten zu lernende Programmiersprache der Welt. Im Rahmen von acht Python-Projekten wird gezeigt, dass Python-Kenntnisse beim Umgang mit Daten von Vorteil sind. Aufgrund seiner einfachen Syntax kann Python-Code mittlerweile nicht nur von erfahrenen Software-Entwicklern, sondern auch von jedem Wirtschaftsprüfer erlernt und als eigenes Datenanalyse-Werkzeug erfolgreich eingesetzt werden. Ein Hauptaugenmerk soll dabei in der Datenbeschaffung und -aufbereitung sowie Automatisierung von Prüfungshandlungen im Rahmen der Wirtschaftsprüfung liegen.**

## 1.1 Die Idee zu diesem Buch

Wer Python einmal angewendet hat, wird schnell fasziniert sein von seinem Nutzungspotenzial und versuchen, es schnell selbst anzuwenden. Python vereinfacht nämlich viele aufwendige und komplexe Berechnungen und nicht nur das. Statt Tausende Tutorials zu hören, bietet dieses Buch anhand von alltäglichen Fragestellungen mit Code-Beispielen einen direkten Zugang hierfür, sodass der praktische Nutzen von Python – so die Hoffnung des Autors – ebenfalls selbst erkannt wird. Anhand von acht anwendungsbezogenen Projekten aus der Praxis wird der Einstieg in die Automatisierung von Datenanalysen mit Python verdeutlicht. Nebenbei soll dieses Buch den Benutzern helfen, ein Verständnis dafür zu erlangen, wie man Python für die folgenden Aufgaben einsetzt:

- Automatisiert Techniken entwickeln, um Daten für die Abschlussprüfung zu beschaffen und für die weitere Analyse aufzubereiten,
- Daten visualisieren, um Auffälligkeiten zu entdecken und
- Python-Code schreiben, verwalten und auf Webservern veröffentlichen.

Auf diesem Weg sollen weitere Themen, wie die Installation von Python und das Bibliotheksmanagement oder das Troubleshooting („Debugging"), erläutert und die wohl bekanntesten Bibliotheken von Python anhand der Projekte demonstriert werden. Auf jeden Fall wünsche ich jetzt schon einmal in der Manier von Entwicklern „Happy Coding".

## 1.2 Zum Aufbau des Buches

Da dieses Buch auch für Einsteiger geeignet sein soll, wurde das Buch in mehrere Abschnitte eingeteilt, die aufeinander aufbauen. Im **Kapitel 2: Python-Entwicklungsumgebung einrichten** werden alle Schritte der Installation von Python in einer Windows-Umgebung erläutert. Nach dem Setup der Umgebung werden im **Kapitel 3: Einführung in Python** die wesentlichen Grundkonzepte von Python erklärt, die für das Verständnis der nachfolgenden Code-Beispiele der Projekte erforderlich sind.

**Hinweis:**
Naturgemäß können in dem zur Verfügung gestellten Rahmen nur die wesentlichen Merkmale von Python angesprochen werden. Mit diesen Erläuterungen soll es aber darauf aufbauend möglich sein, die vorliegenden Code-Beispiele im Selbststudium und im Rahmen der Beschäftigung mit weiteren Ressourcen zu vertiefen und sich weitere Python-Kenntnisse anzueignen.

Python wird im Rahmen der Installation bereits mit einigen Bibliotheken (sog. Standardbibliothek) ausgeliefert. Die Python-Community hat sich damit aber nicht begnügt und hat weitere nützliche Bibliotheken entwickelt, die man kennen sollte. Im **Kapitel 4: Ein Streifzug durch Python-Bibliotheken** werden zusätzliche Bibliotheken dargestellt, die in fast keinem Projekt wegzudenken sind. Deren Darstellung soll sich auch hier auf die erforderlichen Grundfunktionalitäten beschränken. Der Leser sei an dieser Stelle bereits auf die umfangreiche Dokumentation der Bibliotheken im Netz verwiesen. **Low-Code-Frameworks** dürfen natürlich bei den dargestellten Projekten ebenfalls nicht fehlen. Ein mittlerweile ebenfalls populäres Framework namens Streamlit wird in diesem Kapitel eingeführt, mit dem Sie die Projekte und vieles andere mehr schnell und einfach umsetzen können.

Das **Kapitel 5: Projekte für die Praxis** behandelt die acht Projekte mit ihren jeweils spezifischen Fragestellungen aus der Praxis der Wirtschaftsprüfung sowie deren Lösung mit Python. Die Projekte wurden, soweit möglich, nach Komplexität bewertet und in der Reihenfolge mit zunehmendem Schwierigkeitsgrad dargestellt. Im abschließende **Kapitel 6: Deployment auf Webservern** werden noch die wichtigen Fragen der Code-Verwaltung und deren Veröffentlichung z.B. auf der Plattform eines kommerziellen Anbieters beispielhaft erläutert.

**Hinweis:**
Es gibt viele Arten, ein Stück Software zu veröffentlichen und um so etwas handelt es sich bei den acht darzustellenden Projekten. Auch wenn sich nicht jedes Projekt gleichermaßen für eine Veröffentlichung auf Plattformen kommerzieller Anbieter eignet. Und daher sollte dies wohl überlegt sein. Allerdings sollte eine solche Option nicht per se ausgeschlossen werden. Es kommt somit immer auf den Einzelfall an. In diesem Sinne dient das **Kapitel 6** der Darstellung einiger wesentlicher Veröffentlichungskonzepte.

## 1.3 Zu den Code-Beispielen

Im **Kapitel 5** werden mehrere Projekte mit Code-Beispielen in Python als Lösung dargestellt. Die Programme wurden lokal mit einem Python-3.8-Interpreter in einer herkömmlichen Standard-Microsoft-Windows-Umgebung (Windows 10 Enterprise/64x-Bit-Betriebssystem, x64 basierter Prozessor) getestet. Sollte diese Umgebung von der tatsächlichen Umgebung abweichen, kann der Code, ggf. mit geringfügig geänderten Modifikationen, dennoch ausgeführt werden. Die Ausführung des Python-Code ist dabei nicht auf eine Windows-Umgebung beschränkt. Auch auf anderen Betriebssystemen wie macOS oder Linux/Unix ist Python ausführbar.[2]

Beachten Sie, dass Sie als Käufer dieses Buchs „Python für die Wirtschaftsprüfung“ über die Downloads auch unmittelbar Zugriff auf diese Programmbeispiele haben.

2 Vgl. www.python.org/downloads/

Die Code-Beispiele gehen davon aus, dass das Programm in dem Verzeichnis liegt, von dem aus Python zur Ausführung aufgerufen wurde. In der Praxis kommt es vor, dass ein Interpreter, wenngleich installiert, nicht direkt erkannt wird. Ein manuelles Identifizieren einer vorhandenen Umgebung ist dann erforderlich und wird im **Kapitel 2** kurz angesprochen.

Die Darstellung des Programms („Code") ist optimiert für den Druck. Der Nachteil ist, dass es nicht dem Standard-Coding-Style, wie er für Python z.B. nach dem Standard **PEP 8 (PEP = Python Enhancement Proposals)** entspricht, spezifiziert ist.[3] Es wird empfohlen, dem Code-Styling-Guidance von PEP bei der eigenen Umsetzung des Codes zu folgen.

## 1.4 Lernressourcen

Es gibt mittlerweile wohl endlos viele Möglichkeiten, Python als Einsteiger zu erlernen und die hier dargestellten Code-Beispiele zu vertiefen. Entsprechend ist es bereits eine Herausforderung, die richtige Ressource im Netz zu finden. Guter Rat ist daher besonders schwierig. Eine besonders zu empfehlende Lernressource für Python gibt es daher nicht. Suchen Sie einfach im Netz und testen Sie einiges einfach aus.

**Praxistipp:**
Nachstehend ein paar für gut empfundene Ressourcen als Einstieg in Python und zum Vertiefen:

https://automatetheboringstuff.com/

https://learn.microsoft.com/en-us/training/paths/python-language/

https://www.w3schools.com/python

[3] Zum Code-Styling für Python unter PEP 8 s. https://peps.python.org/pep-0008/

# 2 Python-Entwicklungsumgebung einrichten

In der Regel ist Python auf einem Rechner nicht vorinstalliert. Daher sollte man einige Überlegungen anstellen, bevor Python installiert wird. Es ist nämlich recht einfach, Python – genauer den Python-Interpreter – herunterzuladen. Bei den verschiedenen Versionen verliert man schnell den Überblick. Insbesondere sollte man sich zunächst überlegen, in welcher Umgebung man Python platzieren möchte. Im Folgenden wird aus Platzgründen lediglich die Installation von Python auf einem Windows-Betriebssystem dargestellt, das nach wie vor die vorherrschende Arbeitsumgebung im Alltag repräsentiert. Nichtsdestoweniger kann ein Python-Interpreter auch in vielen anderen Betriebssystemen, wie Linux und macOS, zum Einsatz kommen und den hier präsentierten Code ausführen.

## 2.1 Download und Installation

Wenn Sie bei Null anfangen und die nachfolgenden Skripte ausführen möchten, greifen Sie am besten zur aktuellen Python-Version (**Community Edition**). Diese steht Ihnen in mehreren Versionen auf der offiziellen Webseite von Python unter https://www.python.org/downloads/ bereit.

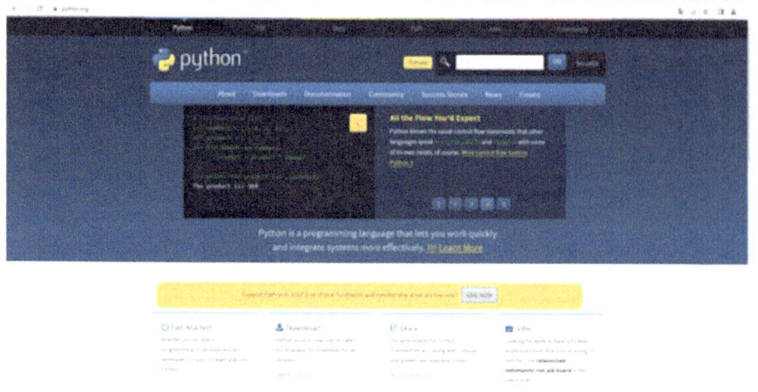

**Abb. 2.1** Offizielle Webseite der Programmiersprache Python[4]

Eine grundlegende Frage dabei ist, ob die Version 2x oder 3x von Python (**Python 2** oder **Python 3**) installiert werden soll. Daneben existiert eine Abhängigkeit vom jeweiligen Betriebssystem. Es gibt verschiedene Installationen für Entwickler und Tester von Pre-Releases und auch für den Einsatz mittels Virtualisierungen (**Docker**). Je nach Version von Python wird dabei ein unterschiedlicher Sprachstil implementiert. Schließlich gibt es Python auch als virtuelle Umgebung mit einem integrierten Paketmanagement.

**Praxistipp:**
Starten Sie gleich mit Python 3, auch wenn Python 2 noch verfügbar ist. Denn Python 2 wird mittlerweile von der Community nicht mehr unterstützt. Als Einsteiger empfiehlt es sich, den Weg über die Community-Edition zu gehen und dabei auch Erfahrung mit lokalen Installationsprozessen zu sammeln. Diese Version verlangt aber, dass der Anwender selbst Pakete von der **Python Packaging Authority** (**PyPa**) und dem **Python Package Index** (**PyPI**), z.B. mit dem Tool **Pip,** herunterlädt und installiert. Entsprechend wird dies auch nachfolgend erläutert.

Ein simpler Trick, um zu überprüfen, ob Python nicht bereits auf Ihrem System vorhanden ist, besteht in der Eingabe von „**py -0**“ innerhalb der Eingabeaufforderung (z.B. Windows-Shell). In diesem Fall listet der

4 Eigene Darstellung; Screenshot: T. Dreixler.

Python-Launcher **python.exe** evtl. vorhandene Python-Versionen auf Ihrem System auf.

**Hinweis:**
Nachfolgende Befehle wurden für eine **Windows-Shell**, die Sie über den Befehl cmd.exe erreichen, getestet. Soweit andere Shell-Arten (PowerShell, Bash) zum Einsatz kommen, sind ggf. andere Befehle zu beachten.

```
Eingabeaufforderung
Microsoft Windows [Version 10.0.19044.2604]
(c) Microsoft Corporation. Alle Rechte vorbehalten.

C:\Users\tdrei>py -0
 -V:3.11 *        Python 3.11 (64-bit)
 -V:3.8           Python 3.8 (64-bit)
 -V:3.7
 -V:ContinuumAnalytics/Anaconda38-64 Anaconda 2021.05
 -V:ContinuumAnalytics/Anaconda37-64 Anaconda 2020.02

C:\Users\tdrei>
```

**Abb. 2.2** Auflistung der bereits vorhandenen Python-Versionen unter Windows[5]

**Hinweis:**
Sollte der Python-Interpreter nach der Installation nicht gefunden werden, stellen Sie sicher, dass Sie unter Windows in der Systemumgebungsvariable PATH den richtigen Python-Installationspfad (z.B. C:\Python38\) eingegeben haben, damit die Befehle überall ohne Angabe des Python-Installationspfads funktionieren.[6]

**Praxistipp:**
Der **PyPI** ist ein Software-Verzeichnis der Programmiersprache Python. Dieser hilft dabei, von der Python-Community entwickelte und geteilte Software zu finden und zu installieren. In diesem Fall

5 Eigene Darstellung; Screenshot: T. Dreixler.
6 Zum Installationspfad unter Windows s. https://docs.python.org/3/using/windows.html

kommt man jedoch ohne ein Tool, wie **Pip**, das empfohlene Paketverwaltungsprogramm für Python-Pakete und das auf **PyPI** veröffentlichte Pakete zugreift und dann ggf. in der eigenen Umgebung installiert, nicht aus. Das Paketverwaltungs-Tool Pip wird bei der Installation von Python insoweit auch mitausgeliefert.

## 2.2 Paketinstallation mit Pip

Python erlaubt auch die Entwicklung eigener Module, die Funktionen für den jeweiligen Bedarf bereitstellen. Diese können danach im Rahmen eigener Python-Skripte genutzt werden. Um das Rad nicht neu zu erfinden, können dabei auch Pakete von Dritten verwendet werden, die bspw. auf der Plattform der PyPi über die Seite (www.pypi.org) als Open-Source-Software veröffentlicht und damit verfügbar sind. Bei vielen Projekten ist der Einsatz solcher Software mittlerweile aus Effizienzgründen unumgänglich geworden und einige Kenntnisse darüber sind entsprechend unabdingbar.

**Hinweis:**
Experten entdeckten immer mal wieder ein bösartiges Paket im PyPi. Überprüfen Sie daher diese unbedingt vor deren Installation ggf. unter Zuhilfenahme von Code-Analyse-Tools, wie z.B. **Guard-Dog,** auf schadhaften Code.[7] Entwickeln Sie Ihre Python-Programme getrennt von der übrigen Produktivumgebung.

Für die Installation von Paketen sind gemeinhin die folgenden beiden Befehle (ohne den Kommentar mit dem Rautezeichen) im Rahmen der Windows-Eingabeaufforderung nützlich. Öffnen Sie unter Windows die Eingabeaufforderung und geben Folgendes darin ein:[8]

[7] Vgl. https://github.com/DataDog/guarddog
[8] Vgl. auch https://packaging.python.org/en/latest/tutorials/installing-packages/

**Beispiel**

# Installation bzw. Deinstallation eines Pakets

pip install <package_name>

pip uninstall <package_name>

**Hinweis:**

pip install pandas

Der obige Befehl „**pip install**" funktioniert generell. Aber es empfiehlt sich, bei der Installation eines Pakets immer eine Version anzugeben, um die installierte Version zu steuern und sie in der Datei requirements.txt aufzulisten.

**Hinweis:**

Requirements.txt ist eine Text-Datei, die alle Informationen über die in einem Entwicklungsprojekt installierten Pakete enthält. Die Erstellung einer solchen Datei kann automatisiert erfolgen. Näheres hierzu siehe nachstehend.

**Beispiel**

# Installation eines Pakets einer bestimmten Version

pip install <package_name>==<version>

Manchmal müssen Sie aufgrund von Einschränkungen ein bestimmtes Paket herunterstufen oder auf eine bestimmte Version aktualisieren. Verwenden Sie in diesem Fall den folgenden Befehl:

**Beispiel**

# Aktualisierung eines Pakets auf eine bestimmte Version

pip install --upgrade <package_name>==<version>

Bei einigen Projekten müssen Sie Pakete installieren, vielleicht andere Pakete aktualisieren oder Pakete herunterstufen, die bereits in anderen Projekten verwendet werden. Dies kann Funktionen der anderen Projekte stark beeinträchtigen. In diesem Fall ist es erforderlich, den Überblick über die je Projekt installierten Pakete zu behalten und diese klar voneinander zu trennen.

Die bewährte Methode dabei ist die Verwendung einer virtuellen Umgebung (**Virtual Environments**, kurz: **venv**) für jedes Projekt oder zumindest für jede Domäne. Diese Funktionalität wird seit der Version 3.3 von Python mitgeliefert. Dabei wird jedes Modul, das Sie für Ihr Skript benötigen, quasi immer in einen eigenen Ordner installiert und verwaltet. Sobald Sie diesen Ordner bzw. die „venv" aktivieren, arbeiten Sie in dieser Umgebung. Neben den Modulen ist in dieser Umgebung auch die Python-Version vorgegeben.

Mit dem venv können Sie alle gewünschten Pakete installieren, ohne die anderen, bereits auf Ihrem Computer installierten Pakete zu aktualisieren. Erstellen Sie dazu einen venv mit dem folgenden Befehl:[9]

**Beispiel**

```
# Erstellung einer virtuellen Umgebung für Ihr Projekt namens "my venv"

python -m venv <my_venv>
```

Jedes Mal, wenn Sie ein Paket installieren müssen, aktivieren Sie einfach diese virtuelle Umgebung mit:

**Beispiel**

```
# Aktivierung einer Umgebung namens "my venv"

<my_venv>\Scripts\activate.bat
```

[9] Vgl. https://packaging.python.org/en/latest/guides/installing-using-pip-and-virtual-environments/

Um sicherzustellen, dass Sie Ihre venv verwenden, überprüfen Sie den Speicherort des Python-Interpreters mit:

**Beispiel**

```
# Ausgabe des Speicherorts des Python-Interpreters

which python
```

Sobald Sie das Paket installiert haben, können Sie aus Ihrer virtuellen Umgebung wieder herauskommen, indem Sie diese deaktivieren:

**Beispiel**

```
# Deaktivierung der virtuellen Umgebung

<my_venv>/bin/deactivate
```

Eine gute Best Practice besteht darin, die Version jedes Pakets zu speichern, bevor einige andere Pakete installiert werden, falls die Installation fehlschlägt oder sich auf einige laufende Dienste auswirkt. Dies ist insbesondere dann sinnvoll, wenn Sie Ihren Code auf einem fremden Server zum Laufen bringen wollen. Dann benötigen Sie stets eine eigene Aufstellung über die bei Ihnen z.B. lokal installierten Pakete und Versionen. Der folgende Befehl erstellt diese Liste:[10]

**Beispiel**

```
# Abruf der Versionen aller installierten Python-Pakete

pip freeze
```

Diese Datei ist daher sehr nützlich, wenn es darum geht, Ihre Pakete zu verfolgen, eine virtuelle Umgebung von Grund auf neu zu starten oder sogar, wenn viele an einem einzigen Projekt arbeiten. Dies wird anderen Teammitgliedern helfen, zu verstehen, welche Pakete benötigt werden und welche Version sie installieren sollten. Wenn Sie keine solche Anforderungsdatei für Ihr Projekt erstellt haben, werden Sie Stunden

10 Vgl. https://pip.pypa.io/en/latest/user_guide/#requirements-files

damit verbringen, alle von Ihnen verwendeten Python-Pakete und die von Ihnen verwendete Version wiederherzustellen.

Dies ist hilfreich, hat aber ggf. Schwächen, denen man sich bewusst sein muss: Vor allem ist es die Tatsache, dass Sie in Ihrer requirements.txt-Datei Pakete gelistet haben, die Sie in der Vergangenheit installiert haben, aber nicht mehr verwenden.

Rufen Sie die Datei requirements.txt auf, sollte sie so aussehen:

**Beispiel**

```
<package_name1>==

<package_name2>==

<package_name3>==
```

Wenn Sie Ihre Python-Skripte auf einem fremden Server oder auch in einer anderen Umgebung ausführen wollen, müssen Sie diesem/dieser mitteilen, welche Pakete Sie in Ihrer aktuellen Umgebung installiert haben. Diese werden üblicherweise in derDatei namens **requirements.txt** aufgelistet, die Ihrem Skript beiliegt. Sie müssen diese jedoch nicht manuell erstellen. Stattdessen können Sie diese Datei einfach automatisch wie folgt erstellen, um alle darin genannten Pakete aufzulisten:

**Beispiel**

```
# Generierung einer Paket-Anforderungsdatei

pip freeze > requirements.txt
```

Mit dem folgenden Befehl können Sie den Paketmanager des fremden Servers oder einer anderen Umgebung damit wieder füttern:

**Beispiel**

```
# Installation aller Pakete aus der Aufstellung in requirements.txt

pip install -r requirements.txt
```

Die erstellte Datei requirements.txt liegt nun ggf. im Verzeichnis der virtuellen Umgebung <venv> zur weiteren Bearbeitung bereit.

**Praxistipp:**
Sobald Sie das Arbeiten mit virtuellen Umgebungen gewohnt sind, empfiehlt sich, ein Blick auf das Tool **Pipenv** zu werfen. Pipenv ist ein weiteres Werkzeug, das darauf abzielt, das **Management von Paketen und Bibliotheken** (**Dependency Management**) weiter zu optimieren. [11]

## 2.3 Jupyter Notebook

Nicht jeder will umfangreiche Python-Programme schreiben. Manchmal will man nur Daten aufbereiten und visualisieren oder auch nur dokumentieren, wie man zu einem Datenanalyseergebnis gekommen ist. Dafür sind **Jupyter Notebooks** optimal. Dies sind Text-Dateien mit der Endung ***„.ipynb“***.[12]

Wenn Sie die Software mit **„pip install jupyter“** installieren und mit **„jupyter notebook“** starten, öffnet sich ein Browser-Fenster, das den von Jupyter gestarteten Webserver auf Port 8888 zeigt. In dem angezeigten Fenster sehen Sie die Administrationsoberfläche für Jupyter Notebooks, in der Sie entweder ein neues Jupyter Notebook erstellen oder bereits vorhandene Jupyter Notebooks starten oder gar von Dritten erstellte Notebooks importieren und dann starten können. Ein neues Jupyter Notebook erstellen Sie, in dem Sie im Fenster auf **New** gehen und dann **Python 3 ipykernel** auswählen.

[11] Vgl. https://pipenv.pypa.io/en/latest/

[12] Zur Dokumentation s. auch https://jupyter-notebook.readthedocs.io/en/stable/notebook.html

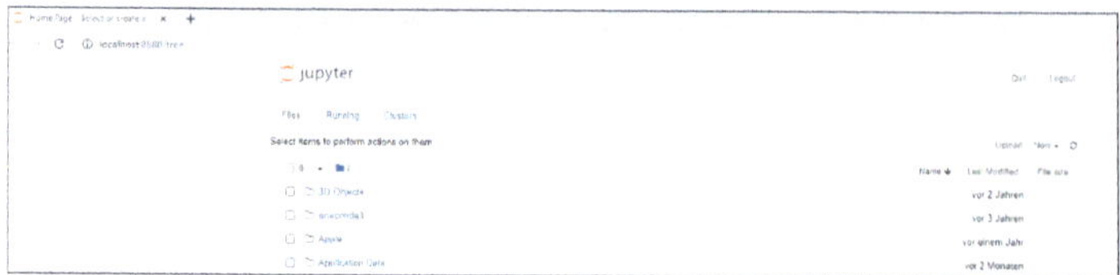


**Abb. 2.3** Administrationsoberfläche für Juypter Notebooks[13]

**Abb. 2.4** Jupyter Notebook Interface[14]

Jupyter Notebooks kombinieren Text mit dem im Browser ausgeführten Python-Code. Wenn Sie ein neues Notebook erstellt haben, wird Ihnen eine leere Code-Zelle angezeigt, in der Sie Ihren Python-Code schreiben und ausführen können. Ein weiterer Vorteil besteht auch in der Fähigkeit des Browsers, neben Text auch dynamisch generierte Grafiken anzeigen zu können. Außerdem geht das Einbinden von Diagrammen schneller als in Tabellenkalkulationsprogrammen.

**Praxistipp:**
Google biete das Konzept der Jupyter Notebooks auch unter dem Label **Colab** bzw. **Google Colab** als Cloud-Dienst an.[15] Im Gegensatz zur lokalen Umgebung mit einem Jupyter Notebook können in dieser Umgebung direkt Pakete installiert werden.

## 2.4 Installation mit Anaconda und Conda

Wer schnell und einfach mit Python programmieren möchte, kommt um **Anaconda** nicht herum. Anaconda ist eine **Distribution eines**

13 Eigene Darstellung; Screenshot: T. Dreixler.
14 Eigene Darstellung; Screenshot: T. Dreixler.
15 Vgl. https://colab.research.google.com/

**Python-Basissystems** in Kombination mit einer ziemlich großen Anzahl nützlicher Bibliotheken und Werkzeuge für wissenschaftliche Zwecke. Anaconda ist eine Open-Source-Software und kann kostenlos von der Webseite www.anaconda.com/download/ für jedes Betriebssystem (Windows, Linux oder MacOS) heruntergeladen werden. Anaconda-spezifische Erweiterungen sind dagegen lizenzpflichtig.

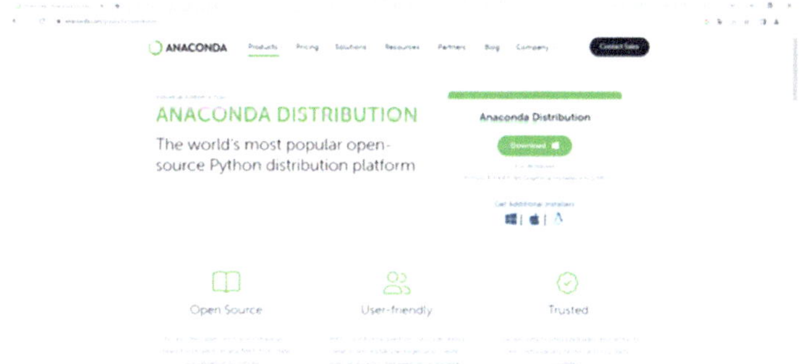


**Abb. 2.5** Webseite der Python-Distribution von Anaconda[16]

Auch wenn Anaconda nicht gerade schlank daherkommt (das Installationsprogramm hat eine Größe von mehr als 600 MB), dürfte die Software gerade für Einsteiger interessant sein. Anaconda liefert neben einem Paketverwaltungs-Interface gleich auch eine grafische Benutzeroberfläche zum Ausführen des Python-Codes mit: **Jupyter Lab** bzw. **Jupyter Notebook.** Überprüfen Sie den Download und starten Sie Anaconda-Navigator:

16 Eigene Darstellung; Screenshot: T. Dreixler.

**Abb. 2.6** Anaconda-Navigator[17]

Eine Verknüpfung zum **Anaconda-Navigator** wird nach der Installation für Windows-Benutzer bereitgestellt. Dieser stellt eine grafische Oberfläche für die Verwaltung von **Anaconda** und zum Start weiterer Anwendungen auf dem Computer dar.

Starten Sie die Jupyter-Notebook-Anwendung, um zu überprüfen, ob Anaconda korrekt installiert wurde. Es sollte ein Webbrowser geöffnet werden, der den Inhalt des Stammverzeichnisses des aktuellen Benutzers auflistet.

**Hinweis:**
**Jupyter Lab** ist die nächste Generation des Jupyter Notebooks und hält verschiedene Funktionalitäten bereit.[18] Ein wesentlicher Vorteil liegt darin, dass ein leichter Wechsel zwischen Notebook und Kommandozeile möglich ist, um Pakete schneller zu implementieren.

Über **Environments** in der Seitenleiste des Anaconda-Navigators können per Mausklick virtuelle Umgebungen (sog. **Channels**) einfacher als mit **venv**, wie bereits unter Abschnitt 2.2 gezeigt wurde, eingerichtet werden. In diesen sehen Sie direkt, welche Pakete in der jeweiligen Umgebung installiert sind. Auch kann man darüber die verfügbaren Pake-

17 Eigene Darstellung; Screenshot: T. Dreixler.
18 Vgl. https://jupyterlab.readthedocs.io/en/stable/getting_started/overview.html

te, die noch nicht installiert wurden, bequem durchsuchen und nachinstallieren. Dies erledigt der eigene **Paketmanager von Anaconda** namens „**conda**". Dementsprechend erfolgt eine Paketinstallation mit dem Befehl „**conda install ...**" Mit einem Klick auf den Play-Knopf des jeweiligen Channels öffnet man ein Terminal in der ausgewählten Umgebung, um die Python-Skripte auszuführen:

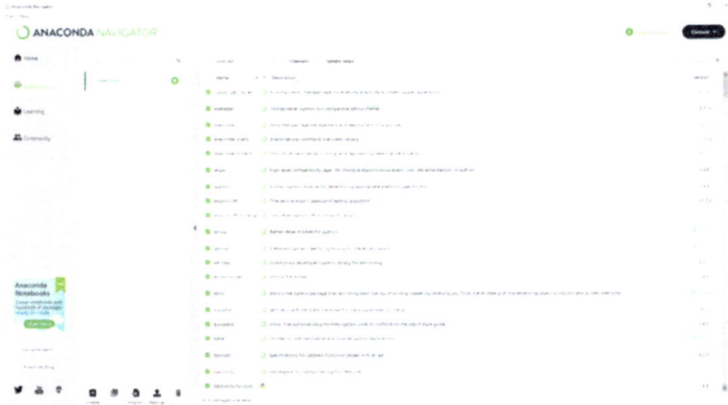


**Abb. 2.7** Channels in Anaconda zur Verwaltung von virtuellen Umgebungen[19]

**Hinweis:**
Sie sollten an dieser Stelle noch weitere nützliche Werkzeuge für die Code-Entwicklung kennen. Diese bieten sich insbesondere für fortgeschrittene und professionelle Entwickler an. Dazu zählen Texteditoren wie z.B.:

- Notepad++
- Sublime-Text
- PyCharm
- Visual Studio Code

19 Eigene Darstellung; Screenshot: T. Dreixler.

**Praxistipp:**
Wer sich an große Code-Editoren noch nicht heranwagt, um Python-Code als auch die im Buch dargestellten Beispiele zu editieren, der sei auf Notepad++ verwiesen, dass z.B. für den Review der Zeichen-Codierung von Dateien auch außerhalb des Codings wertvolle Dienste leistet.[20]

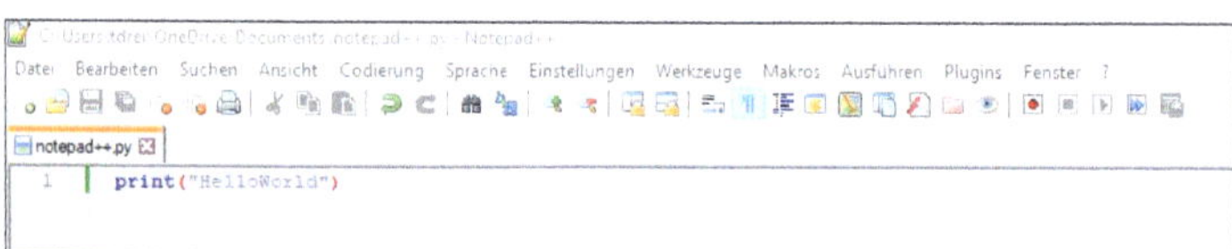


**Abb. 2.8** Code-Editor Notepad++ zum Bearbeiten von Python-Code[21]

20 Vgl. https://notepad-plus-plus.org/downloads/
21 Eigene Darstellung; Screenshot: T. Dreixler.

# 3 Einführung in Python

**Nachdem Sie die wichtigsten Schritte kennengelernt haben, um Python auf Ihrem System zu starten, werden im folgenden Kapitel die Grundlagen von Python erklärt. Hierfür wird eine interaktive Konsole namens IPython verwendet, die Sie über den Befehl „pip install ipython" installieren.[22] Die interaktive Konsole bzw. das Kommandozeilenwerkzeug hat sich zum Ausführen kleiner Code-Teile bzw. -Beispiele (sog. Code-Snippets) bewährt. Hervorzuheben ist ihre Code-Vervollständigung, was Tippfehler vermeidet und weitere Hinweise mit sich bringt. Negativ ist ihre Benutzeroberfläche (GUI), die nicht wirklich ansprechend und intuitiv wirkt.**

## 3.1 Schreiben Sie eine Anweisung/Funktion

Bevor ein erstes Modul oder Skript, d.h. etwas, das importiert oder stand-alone ausgeführt werden kann, implementiert ist, empfiehlt sich, einige einfache Übungen mit diesem **Kommandozeileninterpreter für Python (Python-Shell)** sozusagen als Aufwärmübungen zu machen. Der eingegebene Python-Code kann darin direkt interpretiert und auf dem Rechner ausgeführt werden.

Nach dem Start von IPython über den Befehl „ipyhton" in der Eingabeaufforderung, einer beliebten und leistungsstarken interaktiven Shell für Python, sollten Sie das Folgende auf Ihrem Bildschirm sehen:

```
Microsoft Windows [Version 10.0.19045.2364]
(c) Microsoft Corporation. Alle Rechte vorbehalten.

C:\Users\tdrei>ipython
Python 3.10.9 (tags/v3.10.9:1dd9be6, Dec  6 2022, 20:01:21) [MSC v.1934 64 bit (AMD64)]
Type 'copyright', 'credits' or 'license' for more information
IPython 8.7.0 -- An enhanced Interactive Python. Type '?' for help.

In [1]:
```

**Abb. 3.1** IPython als Kommandozeilen-Tool[23]

[22] Vgl. https://ipython.readthedocs.io/en/stable/

[23] Eigene Darstellung; Screenshot: T. Dreixler.

In dem Shell können Sie Anweisungen direkt ausführen. Sie sind nun bereit, ein „Hallo Welt“-Programm zu schreiben. Es ist eine Tradition, den ersten Befehl einer Computersprache entsprechend zu formulieren. Sie sollten in der Lage sein, einzeilige Ausdrücke wie **„print(“Hallo Welt“)“** einzugeben und die Eingabetaste zu drücken, um sie auszuwerten. Wenn ein Ausdruck unvollständig ist, erkennt IPython dies automatisch und fügt eine neue Zeile hinzu, wenn Sie die Eingabetaste drücken, anstatt sofort auszuführen.

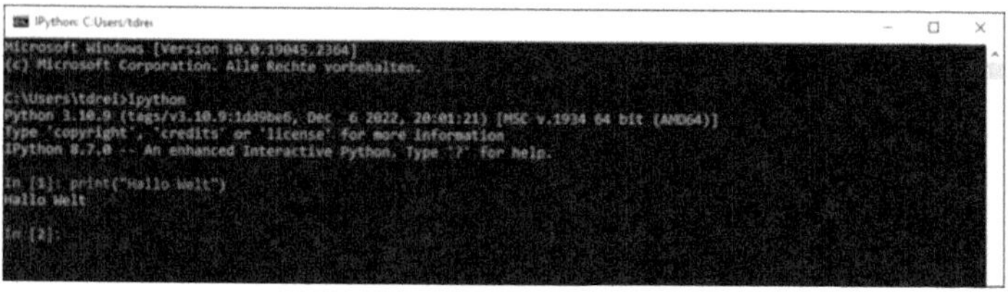

**Abb. 3.2** „Hallo Welt“-Beispiel[24]

Der Python-Interpreter kann somit das ausführen, was Sie in die Befehlszeile geschrieben haben. Eine andere Möglichkeit besteht darin, eine **Python-Datei** zu erstellen, welche die Dateierweiterung **.py** enthält und diese in der Befehlszeile auszuführen. Importieren Sie hierfür zunächst die Bibliothek os, die für die Verarbeitung von Dateien und Pfaden in Python zuständig ist, mit dem Befehl **„import os“.** Zeigen Sie mit dem Befehl **„os.getcwd()“** den aktuellen Pfad an und erstellen Sie darin die Datei mit dem genannten Inhalt. Führen Sie anschließend diese Datei mit dem Befehl **„run myfile.py“** aus. Hierauf werden Sie später noch zurückgreifen können.

[24] Eigene Darstellung; Screenshot: T. Dreixler.

```
IPython: C:Users/tdrei
Microsoft Windows [Version 10.0.19045.2364]
(c) Microsoft Corporation. Alle Rechte vorbehalten.

C:\Users\tdrei>ipython
Python 3.10.9 (tags/v3.10.9:1dd9be6, Dec  6 2022, 20:01:21) [MSC v.1934 64 bit (AMD64)]
Type 'copyright', 'credits' or 'license' for more information
IPython 8.7.0 -- An enhanced Interactive Python. Type '?' for help.

In [1]: import os

In [2]: os.getcwd()
Out[2]: 'C:\\Users\\tdrei'

In [3]: run myfile.py
Hello World

In [4]:
```

**Abb. 3.3** Ausführung von Python-Dateien in IPython[25]

Eine weitere Besonderheit, die bei Python wichtig ist, ist die **Einrückung** von Code (engl. **Intendation**). Ein Python-Interpreter erkennt an Einrückungen, ob ein **Codeblock** vorliegt. Eine Einrückung kann z.B erfolgen, indem man auf der Tastatur einmal die Tab-Taste oder viermal die Leertaste drückt.

**Praxistipp:**
Es empfiehlt sich, die Art der Einrückung einheitlich im ganzen Code zu verwenden, da Python sonst Fehler auswirft. Die von PEP 8 empfohlene Verwendung sind vier Leerzeichen.[26]

Sie können hiervon auch abweichen, aber es muss mindestens eine Einrückung mit einem einzigen Leerzeichen sein. Hierzu ein Beispiel mit einer Einrückung nach einer if-Bedingung:

**Beispiel**

```
if a>4:
    print("a ist größer 4")
```

Neben der Einhaltung des Syntax ist es beim Programmieren hilfreich, den Code im Einzelfall zu erklären. Dies hilft später beim Verständnis des Code und ermöglicht gleichzeitig eine schnelle Fehlerbehebung. **Kommentare** im Code sind daher üblich und nützlich. Sie werden mit dem Rautezeichen (#) markiert, um vom Python-Interpreter erkannt und nicht ausgeführt zu werden.

25 Eigene Darstellung; Screenshot: T. Dreixler.
26 Vgl. https://peps.python.org/pep-0008/#tabs-or-spaces

**Beispiel**

```
# Dies ist ein Kommentar

print("Hallo Welt!")
```

oder

```
print("Hallo Welt!") # Dies ist ein Kommentar
```

Neben einer solchen ersten einfachen Anweisung gibt es auch Befehle, die über Parametereingaben den Rückgabewert beeinflussen und als **Funktion** bezeichnet werden. Funktionen sind Code-Abschnitte, die eine (oder wenige) Aktionen ausführen sollen. Funktionen werden verwendet, um Code zu organisieren und Modularität im Code zu ermöglichen. Modularität bedeutet, dass der Code mit wenig bis gar keinen Anpassungen wiederverwendet werden kann. Sie können Funktionen ganz einfach selbst definieren und dann an andere Stelle wiederverwenden.

**Beispiel**

```
def add(x, y):

    return x+y

def multiply(x,y):

    return x/y
```

Um eine Funktion aufzurufen, würde man beispielhaft Folgendes schreiben:

**Beispiel**

```
add(2,3)

>>>5
```

Dies führt dann zum berechneten Wert 5 als Funktionsergebnis (engl. **Output**, hier mit >>> gekennzeichnet). Die Rückgabemöglichkeit von Werten durch Funktionen ist eine besondere Möglichkeit in Python und eine besondere Stärke gegenüber anderen Programmiersprachen. In Python können Sie auch mehrere Rückgabewerte liefern.

**Beispiel**

```
def doubleReturn(a, b):
    return a*2, b*3
doubleReturn(2,3)
>>> (4, 9)
```

Beachten Sie, dass Sie dabei außerhalb einer Python-Shell, wie IPython, normalerweise nichts sehen würden. Das heißt, ein Aufruf der zuvor genannten Funktion in einer Datei, die Sie auf der Windows-Shell ausführen, würde kein Ergebnis auf dem Bildschirm produzieren – im Gegensatz zur IPython-Shell oder einem Jupyter Notebook, das bereits so konzipiert wurde, das Ergebnis unmittelbar anzuzeigen. Die Natur dieser Funktionen ist es, einfach die Argumente zu multiplizieren oder deren Produkt zurückzugeben. Wenn Sie sehen möchten, welcher Wert von dieser Funktion zurückgegeben wird, müssten Sie entweder den Aufruf dieser Funktion über die „Print"-Funktion ausgeben oder eine Druckfunktionalität innerhalb der Funktion hinzufügen.

**Beispiel**

```
a = add(2,3)
print(a)
>>> 5
print(add(2, 3))
>>> 5
# Aufruf der Funktion doubleReturn
print(doubleReturn(2, 3))
>>> 4
>>> 9
```

**Praxistipp:**
Nutzen Sie auch die Möglichkeit, eine Funktion mit einem **Lambda-Operator** (sog. **anonyme Funktionen bzw. Lambda-Funktion**) zu erstellen. Eine Lambda-Funktion wird zum Erstellen kleiner, einmaliger, anonymer Funktionsobjekte in Python verwendet. Ein Lambda-Operator kann eine beliebige Anzahl von Argumenten haben, aber nur einen Ausdruck. Es kann keine Anweisungen enthalten und gibt ein Funktionsobjekt zurück, das jeder Variablen zugewiesen werden kann.

Der Basissyntax lautet:

lambda arguments: expression

Die obige Funktion **add()** können Sie ebenfalls in eine Lambda-Funktion umwandeln und einer Variablen **add_** zuweisen:

add_ = lambda x,y: x+y

Der Aufruf gelingt wie folgt:

add_(2,3)

>>> 5

In jedem Fall müssen Sie eine Funktion definieren, bevor Sie versuchen, sie aufzurufen und auszuführen. Der Python-Interpreter liest unseren Code von oben nach unten, von links nach rechts. Das bedeutet, dass Sie ansonsten einen Fehler erhalten, wenn Sie versuchen, die Funktion aufzurufen, bevor Sie sie definiert haben. Der Python-Interpreter weiß nicht, wovon Sie sprechen und wird uns bitten, dies zu erklären.

**Praxistipp:**
Nachdem Sie die Definition von Funktionen kennengelernt haben, sollten Sie auch die im Rahmen der Installation angesprochenen Funktionen der Standardbibliothek von Python (sog. **Built-in-Funktionen**) kennenlernen. Ein solches Beispiel ist die „Print"-Funktion.[27]

[27] Siehe hierzu die Dokumentation von Python unter https://docs.python.org/3/library/functions.html

Eine weitere Möglichkeit, Infos über die eingebauten Funktionen zu erhalten, ist der „Help“-Befehl in Python.

**Beispiel**

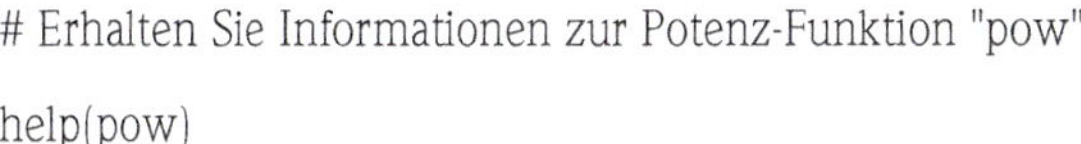

```
# Erhalten Sie Informationen zur Potenz-Funktion "pow"

help(pow)

>>> Help on built-in function pow in module builtins:

pow(base, exp, mod=None)

    Equivalent to base**exp with 2 arguments or base**exp % mod
with 3 arguments

    Some types, such as ints, are able to use a more efficient algorithm
when

    invoked using the three argument form.
```

Dieser gibt weitere Erläuterungen zur einzelnen Funktion und ihren Argumenten sowie dem Rückgabeergebnis.

## 3.2 Variablen

Um die Funktion für verschiedene Werte auszuführen, können nun Variablen definiert werden, die als Input-Parameter in die Funktion übergeben werden. Technisch und inhaltlich stellen Variablen einfach Platzhalter für Daten und Informationen dar, die in Funktionen weiterverarbeitet werden können. Diese können aus Zahlen, Zeichen, Wörtern, Sätzen oder auch anderen Variablen bestehen:

**Beispiel**

a=4

b=6

c="Hallo"

d="Welt"

Variablennamen (allgemeiner: Referenzzeiger) werden in Python mit dem „="-Zeichen definiert. Sofern in die o.g. Funktion **add()** die beiden Variablenwerte eingesetzt werden, ergibt sich als Ergebnis:

**Beispiel**

a=10

b=20

add(a, b)

>>>30

**Hinweis:**
Auch nach PEP 8 gibt es bestimmte Namenskonventionen für Variablen und Funktionen, die es in Python zu beachten gilt.[28] Andererseits können für Zeichen (Strings) sowohl einfache ('Hallo') als auch doppelte Anführungszeichen ("Hallo") verwendet werden.

Variablen, die außerhalb einer Funktion erstellt werden, werden als globale Variablen bezeichnet. Auf globale Variablen des Codes kann sowohl innerhalb von Funktionen als auch außerhalb zurückgegriffen werden. Umgekehrt müssen Variablen innerhalb von Funktionen entweder als global definiert werden oder von der Funktion wieder als Ergebnis ausgegeben werden, um im Code wiederverwendet werden zu können.

[28] Vgl. https://peps.python.org/pep-0008/#prescriptive-naming-conventions

In Python existieren Operatoren, die im Allgemeinen und wie zuvor im Abschnitt 3.1 beim Schreiben einer Funktion dargestellt, verwendet werden, um Werte und Variablen zu verknüpfen. Es handelt sich dabei um Standardsymbole, die für logische, arithmetische und weitere Operationen verwendet werden. Nachfolgend werden einige wesentliche Standardoperatoren dargestellt.

### Arithmetische Operatoren

| **Operator** | **Beschreibung** | **Beispiel** |
|---|---|---|
| + | Addition | a+b |
| – | Subtraktion | a–b |
| * | Multiplikation | a*b |
| / | Division | a/b |
| ** | Potenz | a**b |

### Vergleichsoperatoren und logische Operatoren

| **Operator** | **Beschreibung** | **Beispiel** |
|---|---|---|
| > | Größer als: wahr, wenn der linke Operand größer als der rechte Operand ist | a>b |
| < | Kleiner als: wahr, wenn der linke Operand kleiner als der rechte Operand ist | a<b |
| == | Gleich: wahr, wenn beide Operanden gleich sind | a==b |
| != | Ungleich: wahr, wenn die beiden Operanden ungleich sind | a!=b |
| >= | Größer oder gleich: wahr, wenn der linke Operand größer oder gleich als der rechte Operand ist | a>=b |
| and, & | Logisches *Und*: wahr, wenn beide Operanden vorliegen | a and b, a & b |
| or, \| | Logisches *Oder*: wahr, wenn einer der beiden Operanden vorliegt | a or b, a \| b |
| not | Logical *Nicht*: wahr, wenn der Operand nicht vorliegt | not b |

### Weitere Operatoren

| **Operator** | **Beschreibung** | **Beispiel** |
|---|---|---|
| in | Wahr, wenn der Wert in der Sequenz vorliegt | [for i in result: ...] mit result = [1, 2, 3, 4, 5] |
| not in | Wahr, wenn der Wert nicht in der Sequenz vorliegt | [for i not in result: ...] mit result = [1, 2, 3, 4, 5] |

Bei der Festlegung von Variablen (Parametern) für eine Funktion in Python stehen Ihnen insgesamt fünf Arten zur Verfügung (mit dem jeweiligen Python-Begriff in eckiger Klammer):

- Positionsargumente [Positional arguments],
- Variable Positionsargumente [Variable positional arguments],
- Schlüsselwortargumente [Keyword arguments],
- Variable Schlüsselwortargumente [Variable keyword arguments].

**Positionsargumente** sind die Argumente, die in einer bestimmten Reihenfolge an eine Funktion oder Methode übergeben werden. Die Reihenfolge, in der Sie diese Argumente übergeben, ist wichtig, da die Funktion oder Methode die Argumente in der Reihenfolge verwendet, in der sie empfangen werden. Wenn Sie beispielsweise eine Funktion haben, die zwei Argumente benötigt, wird das erste Argument als erster Parameter und das zweite Argument als zweiter Parameter verwendet.

**Variable Positionsargumente** sind Argumente einer Funktion, deren Länge nicht bestimmt ist und insoweit an die Funktion übergeben werden. Diese werden mit (*args) gekennzeichnet.

**Beispiel**

```
def fun(*args):
  for arg in args:
    print(arg**2)
#Aufruf der Funktion f
numbers =[1, 2, 3, 4]
fun(*numbers)
>>> 1, 4, 9, 16
```

**Schlüsselwortargumente** sind Argumente, die an eine Funktion oder Methode übergeben werden, indem der Name des Arguments gefolgt von einem Gleichheitszeichen und dem Wert des Arguments angegeben wird. Der Funktion kann so ein Standardwert mitgegeben werden. Diese Argumente müssen nicht in einer bestimmten Reihenfolge übergeben werden, da die Funktion oder Methode die Namen der Argumente verwendet, um festzustellen, welche Werte für welche Parameter zu verwenden sind.

**Beispiel**

```
def fun(a, b=2):
  return a+b
fun(2, b=4)
>>> 6
fun(3)
>>> 5
```

**Hinweis:**
Parameter mit Standardwerten müssen immer hinter die Parameter ohne Standardwert geschrieben werden.

Bei **Schlüsselwortargumenten von variabler Länge** besteht eine undefinierte Länge der zu übergebenden Schlüsselwortargumente. Diese werden mit (**kwargs) nach dem Schlüsselwortargument gekennzeichnet.

**Beispiel**

```
def fun(a, b=2, **kwargs):
  print(b)
  return a
numbers=[2, 3, 4, 5]
fun(10, b=numbers)
>>> (2, 3, 4, 5), 10
fun(10)
>>>2, 10
```

## 3.3 Typen und Typisierung

Typen bzw. Datentypen sind in der Programmierung mit Python besonders wichtig. Daten, die in Variablen gespeichert oder als Funktion zurückgegeben werden, werden in Python als verschiedene Typen verarbeitet. Neben Zahlen ohne Dezimalstellen (Integer) und Zahlen mit Dezimalstellen (Float) gibt es auch Text bzw. Zeichenketten (String) als Datentypen. Für eine fehlerfreie Ausführung müssen Sie wissen, mit welchen Datentypen Sie gerade arbeiten, und wie Sie diese ggf. in andere konvertieren können.

Python hat standardmäßig die folgenden Datentypen zur Verfügung, die in die folgenden allgemeine Datenkategorien integriert sind:

### Python-Datentypen

| Kategorie | Datentyp-Abkürzung | Beispiel | Erläuterung |
|---|---|---|---|
| Text | Str | „Hallo“ | Zeichenkette (Text) |
| Zahlen | int, float | 20, 0.99 | Natürliche Zahl und Dezimalzahl |
| Sequenzen | list, tuple | [1, 3, 5, 7], (5, 10), | Eine Liste, ein Tuple |
| Wörterbuch | Dict | {„27“: „EDV-Lizenzen“, „340“: „Technische Anlagen“} | Elemente eines Wörterbuchs werden als Schlüssel-Wert-Paar dargestellt |
| Wahrheitswert | Bool | True/False | Wahr oder Falsch |

In Python wird der Datentyp festgelegt, wenn Sie einer Variablen einen Wert zuweisen. Nachstehend zwei Beispiele:

**Beispiel**

| Zuweisung | Ergebnis |
|---|---|
| x = 20 | int |
| x = 20.5 | float |

Sie können den Datentyp eines beliebigen Objekts abrufen, indem Sie die Funktion **type()** verwenden:

**Beispiel**

```
example_int=5

# Finde den Typ

type(example_int)

>>> int
```

Die verschiedenen Typen können schnell lästig werden. Python hat jedoch einen guten Grund, mit diesen Typen jeweils unterschiedlich umzugehen. Eine Konvertierung zwischen den Datentypen gelingt daher nicht immer. Wenn Sie den Datentyp einer Variablen angeben möchten, kann dies mit sog. **Casting-Funktionen,** wie str(), zum Umwandeln des Datentyps erfolgen. Zum Beispiel können Sie hierfür die folgenden Funktionen verwenden:

**Hinweis:**

x = str(3) # str() wird die Zahl 3 in ein Zeichen umwandeln

y = int(3) # int() wird die Zahl 3 in eine natürliche Zahl umwandeln

z = float(3) # float() wird die Zahl 3 in eine Dezimalzahl 3.0 umwandeln

**Praxistipp:**
Eine Anpassung der Datentypen spart ggf. Arbeitsspeicher und erleichtert die Weiterverarbeitung. Sehen Sie hierfür den Beitrag von Stackoverflow an: https://stackoverflow.com/questions/14372006/variables-memory-size-in-python

**Praxistipp:**
**Was ist Stackoverflow?** Stackoverflow[29] hilft nach eigenen Angaben Menschen, die wichtigen und relevanten Antworten zu finden, die sie brauchen, wenn sie sie brauchen. Insoweit ist Stackoverflow

29 Vgl. https://stackoverflow.com/

als öffentliche Plattform für Fragen und Antworten auch für Python die erste Anlaufstelle, wenn Sie einmal einen Fehler in Ihrem Python-Code beheben wollen und nicht wissen, wie es geht. Diese Seite wird nach eigenen Angaben von über 100 Millionen Menschen jeden Monat besuchen, um Fragen zu stellen, zu lernen und technisches Wissen auszutauschen.

Als weiteren Typ stellt Python den Datentyp **datetime** als Built-in-Funktionalität des **Datetime-Moduls** bereit. Das Datetime-Modul hat nur eine Darstellung für einen Zeitpunkt. Es weist jedem Tag eine Ordnungszahl zu. Die Zahlen basieren auf einem epochalen Datum und auf Algorithmen, um die Jahres-, Monats- und Tagesinformationen für diese ordinale Tageszahl abzuleiten. In ähnlicher Weise verfügt diese Klasse über Algorithmen, um ein Kalenderdatum in eine ordinale Tageszahl umzuwandeln. Es gibt vier Klassen in diesem Modul, die uns helfen, Daten und Zeiten einheitlich und korrekt zu behandeln. Es werden nachstehend die fortgeschritteneren Themen des Moduls übersprungen und nur die wichtigsten Klassen und deren Instanzen, d.h. eine konkrete Kopie mit Echtdaten davon, behandelt:[30]

Eine Instanz der Klasse **datetime.date** hat hierbei drei Attribute: Jahr, Monat und Tag. Hier sind auch andere Formatierungen denkbar. Importieren Sie hierfür zunächst das Modul, um auf die Klasse zugreifen zu können und um Instanzen zu erzeugen.

**Beispiel**

```
# Import des Moduls datetime

import datetime

# Beispiel für 31.12.2022

print(datetime.date(2022, 12, 31))

>>>2022-12-31
```

Es gibt eine Reihe von Methoden zum Erstellen von datetime.date-Objekten und zum Konvertieren von datetime.date-Objekten in verschie-

[30] Zur Unterscheidung von Klassen und Instanzen s. Abschnitt 3.12

dene andere Formen, wie Gleitkomma-Zeitstempel, 9-Tupeln für die Verwendung mit dem Zeitmodul und ordinale Tageszahlen.

Eine solche andere Form ist **datetime.datetime**: Eine Instanz von datetime.datetime kombiniert datetime.date und datetime.time.

**Beispiel**

datetime(year, month, day, [hour, minute, second, microsecond, timezone])

print(datetime.datetime(2022, 12, 31))

>>> 2022-12-31 00:00:00

**Hinweis:**

Beachten Sie, dass die Zeitfelder optional sind: Wenn sie, wie zuvor dargestellt, weggelassen werden, ist der Zeitwert 0:00:00, was Mitternacht entspricht. Diese Klasse toleriert kein schlechtes Datum. Es löst einen „ValueError" für ein ungültiges Datum aus.

Daneben existiert beispielsweise noch das Objekt **datetime.timedelta**, welches die Dauer zwischen zwei Datumsangaben, Zeiten oder Datumszeiten beinhaltet. Es hat einen Wert in Tagen, Sekunden und Mikrosekunden. Diese können zu Datums-, Zeit- oder Datumszeiten hinzugefügt oder davon abgezogen werden, um neue Daten, Zeiten oder Datumszeiten zu berechnen.

Um menschenlesbare Zeiten und Datumsangaben zu formatieren, haben Sie eine Reihe von Funktionen im Datetime-Modul und Methoden eines Datetime-Objekts zur Verfügung. Die wichtigsten Funktionen zum Umwandeln von Datumsangaben sind strptime() und strftime():

| Formatierungs-funktionen | Beschreibung |
|---|---|
| strptime(string, [format]) | Diese Funktion verwendet das angegebene Format, um aus einer Zeichenkette auf Basis des eingegebenen Formats ein Datetime-Objekt auszugeben. Wenn das tatsächliche Format nicht mit dem angebenen Format übereinstimmt, wird eine ValueError-Ausnahme ausgelöst. Wenn das angebene Format keine vollständige Datumszeit ist, werden die Standardwerte ausgefüllt. Das Standardjahr ist 1900, der Standardmonat ist 1, der Standardtag ist 1. Die Standardzeitwerte sind alle 0. |
| strftime(format, time_struct) | Diese Funktion konvertiert einen Datetime-Datentyp in eine Zeichenkette in das gewünschte, übergebene Format. Dabei kann auch eine Zeitkonvention getroffen werden. Mit struct_time wird die Zeichenfolge gemäß einer Formatspezifikation einer Zeiteingabe konvertiert. Die Spezifikationsregeln sind unten aufgeführt. |

Die nachfolgende Tabelle zeigt die verwendeten Platzhalter beim Formatieren von Datumsangaben in eine Zeichen- bzw. eine Datetime-Variable mit den Funktionen strftime() bzw. strptime().

### Formatierungsplatzhalter für Datumsangaben

| Formatcode | Beschreibung | Beispiel |
|---|---|---|
| %d | Tag | 1, 2 ..., 31 |
| %m | Monat | 01, 02 ..., 12 |
| %Y | Jahr | 2022, ... |
| %b | Abkürzung für Monate | Jan, Feb ..., Dec |

Nachfolgend noch zwei Beispiele dafür, wie man aus einer Zeichenkette ein Datetime-Objekt erzeugt und umgekehrt ein Datetime-Objekt in eine Zeichenkette umwandelt:

**Hinweis:**

```
# Definition eines Datums als Datetime-Instanz
year = datetime.date(2021,12,1)
year
>>> datetime.date(2021,12,1)
# Formatierung der Variable year als Zeichenkette
stringyear=year.strftime("%Y-%m-%d")
```

```
stringyear
>>> '2021-12-1'
# Importieren Sie die Unterklasse datetime des Moduls datetime
from datetime import datetime
# Umwandlung der Zeichenkette stringyear als Datetime-Instanz in Form eines Datums
datetimeyear=datetime.strptime(stringyear, "%Y-%m-%d")
datetimeyear
>>> datetime.datetime(2021, 12, 1, 0, 0)
```

## 3.4 Ablaufsteuerung

Im Programm möchte man unter Umständen gewisse Aktionen nur dann ausführen, wenn Bedingungen eingetreten sind (sog. Ablaufsteuerung bzw. Control Flow). Dann muss man durch die Verwendung von Vergleichslogik bestimmen, was als nächstes getan werden soll. In Python werden hierfür if-, elif-, else-Anweisungen verwendet, um den Code basierend auf bestimmten Bedingungen ausführen zu lassen.

**Beispiel**

```
def ablauf(wert):
  if wert < 10:
    return "A"
  elif wert >= 10 and wert <20:
    return "B"
  else:
    return "C"
# Aufruf der Funktion ablauf
ablauf(10)
>>> "B"
```

**Praxistipp:**
Man kann so viele elif-Blöcke erstellen, wie man möchte, aber nur einen if-Block und einen else-Block.

Sie können auch Bedingungen in Ihren if-, elif-, else-Anweisungsblöcken verketten. Mit Schlüsselwörtern für **„und“** oder **„oder“** kann dies erfolgen. Mit den Schlüsselwörtern **and** und **or** kann man innerhalb eines Blocks mehrere Bedingungen verwenden.

**Beispiel**

```
if reichweite > 2 and reichweite < 5:

  print("Abschlagssatz ist 50 %")
```

In Python existiert auch eine Möglichkeit zur Behandlung von Ausnahmen (Fehler), wenn Programme ausgeführt werden. Dies kann mit einer try-except-Anweisung umgesetzt werden. Die Formulierung einer solchen Ausnahmebehandlung im Code gelingt mit folgendem Befehl:

**Beispiel**

```
try:

    [Anweisung]

    raise Exception()

except Exception as e:

    print("Es gab wohl ein Problem mit Ihrer Funktion")
```

## 3.5 Schleifen

**Schleifen** sind sehr nützlich, wenn Sie dieselbe Aktion mehrmals ausführen müssen (Iterationen). **For-Schleifen** sind in der Regel besser, wenn die Anzahl der Iterationen bekannt ist und **While-Schleifen** in der Regel besser, wenn die Anzahl der Iterationen nicht bekannt ist und solange ausgeführt werden sollen, bis ein Ereignis eintritt.

Sie können jedoch so ziemlich jeden Prozess (Algorithmus) mit jedem Schleifenstil durchführen. Sie können auch **Rekursion** verwenden. Rekursionen werden verwendet, um eine Funktion solange aufzurufen, bis eine Bedingung eingetreten ist.

Im folgenden Beispiel iterieren Sie durch jeden Buchstaben in einer Zeichenfolge und geben diesen aus:

**Beispiel**

```
string="Hallo"

for x in string:

   print(x)

>>> H

     a

     l

     l

     o
```

**Praxistipp:**

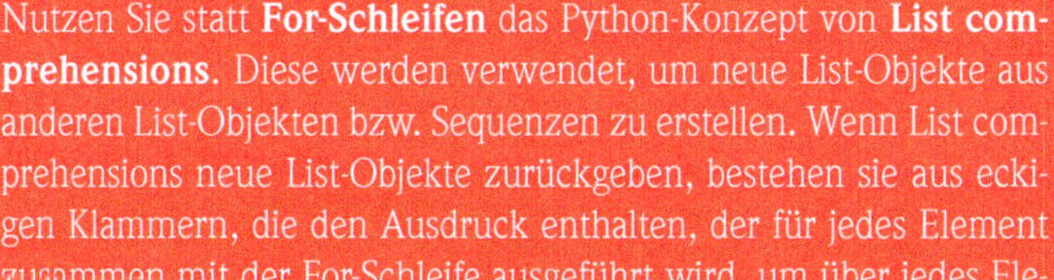

Nutzen Sie statt **For-Schleifen** das Python-Konzept von **List comprehensions**. Diese werden verwendet, um neue List-Objekte aus anderen List-Objekten bzw. Sequenzen zu erstellen. Wenn List comprehensions neue List-Objekte zurückgeben, bestehen sie aus eckigen Klammern, die den Ausdruck enthalten, der für jedes Element zusammen mit der For-Schleife ausgeführt wird, um über jedes Element zu iterieren. Dies ist der Basis-Syntax:

[Ausdruck for_loop_one_or_more Bedingungen]

Auf diese Weise wird die o.g. For-Schleife zur List comprehension wie folgt:

```
[print(x) for x in range(1,5)]
>>> 1
    2
    3
    4
```

## 3.6 Sequenz-verarbeitende Funktionen

Die integrierten Funktionen **map()**, **filter()** und **reduce()** sind praktische Funktionen für die Verarbeitung von Sequenzen, wie Listen oder Wörter bzw. Zeichenketten (Strings), ohne lange For-Schleifen schreiben zu müssen. Die Idee dahinter ist es, eine beliebige Funktion auf alle Elemente einer Sequenz anzuwenden, um Ihnen das Schreiben einer expliziten Schleife zu ersparen. Die implizite Schleife innerhalb jeder dieser Funktionen kann schneller sein als eine explizite For-Schleife. Nachfolgend finden Sie noch eine Erklärung für map()-, filter(). und reduce()-Funktionen:

**Hinweis:**
Jede der Funktionen **map()**, **filter()** und **reduce()** transformiert eine Sequenz, wie z.B. eine Liste (List-Objekt).

Die **map()** und **filter()** wenden jeweils eine Funktion auf eine Sequenz an, um eine neue Sequenz zu erstellen.

Die Funktion **reduce()** wendet eine Funktion an, die die Sequenz auf einen einzigen Wert reduziert. Es gibt eine Reihe von speziellen Reduzierungsfunktionen. Zu diesen Reduktionen gehören sum(), any(), all(). Diese liefern z.B. die Summe der Werte der Sequenz zurück.

**Beispiel**

```
# Ein Beispiel für map() mit einer Lambda-Funktion:
a=[1, 2, 3, 4, 5, 6]
b=[2, 2, 2, 2, 2, 2]
```

```
result=map(lambda x,y:x*y,a,b)
print(list(result))
>>> [2, 4, 6, 8, 10, 12]
```

**Beispiel**

```
# Ein Beispiel für filter()
num=[-2, -1, 0, 1, 2]
def check(x):
    return x>0
result=filter(check,num)
print(list(result))
>>> [1, 2]
```

**Beispiel**

```
# Ein Beispiel für reduce()
from functools import reduce
list_value=[5, 6, 2]
out=reduce(lambda val1,val2:val1*val2,list_value)
out
>>> 60
```

## 3.7 Datenstrukturen

Datenstrukturen sind eigene Objekte und stellen komplexere Variablen dar. Die bisher dargestellten Variablen haben immer nur eine Information gespeichert. Diese Objekte können dagegen technisch als Datenstruktur betrachtet werden, da sie mehr Daten als eine primitive Variable enthalten können. Als solche kommen z.B. Listen/Arrays, Wörterbücher, Bäume, Graphen usw. in Betracht.

Arrays sind Gruppen primitiver Variablen, die alle zusammen gespeichert sind. In Python werden diese als Listen (engl. List) bezeichnet. Hier sind ein paar Beispiele für Listen:

**Beispiel**

```
example_list = [1, 2, 3, 4]
```

Um Elemente zu einer Liste hinzuzufügen, verwenden Sie die Funktion **append()**. Um auf bestimmte Elemente in einer Liste zuzugreifen, können Sie einen Index verwenden.

**Beispiel**

```
example_list.append(0)

print(example_list)

>>> [1, 2, 3, 4, 0]

print(example_list[2])

>>> 3
```

**Hinweis:**
Der Index einer Liste beginnt bei 0. Darum liegt das erste Element der Liste auf dem Index 0 und nicht auf Index 1.

Um eine Liste zu sortieren, verwenden Sie die Funktionen **sort()** oder **sorted()**.

**Beispiel**

```
a = example_list.sort()

print(a)

>>> [0, 1, 2, 3, 4]
```

**Praxistipp:**
Eines der neuesten Features in Python, das mit der Version 3.5 eingefügt wurde, ist die Möglichkeit, ein List-Objekt oder ein Wörterbuch mit dem Entpackoperator (*) (engl. „Unpacking operator") aufzulösen.[31] Unter Fortführung des obigen Beispiels wie folgt: [*example_list]

Weitere Funktionen zur Bearbeitung einer Liste sind **pop()** und **remove()**, um deren Elemente unter Verwendung eines Index und ohne Index anhand eines Werts zu entfernen. Mit der Funktion **len()** kann man die Anzahl der Elemente bzw. die Länge einer Liste bestimmen.

**Sets** sind eine weitere Datenstruktur in Python, und diese werden verwendet, um mehrere Elemente in einer einzigen Variable zu speichern. Ein Set ist eine Sammlung von Daten, die ungeordnet, unveränderlich und nicht indiziert ist. Sets haben keine Duplikate.

**Beispiel**

```
example_set = set([1, 2, '3', '2'])

print(example_set)

>>> 1, 2, 3
```

Daneben werden **Tuple** verwendet, um mehrere Elemente in einer einzigen Variablen zu speichern. Aber auch diese Datenstruktur hat unterschiedliche Eigenschaften. Ein Tuple ist eine Sammlung von Daten, die geordnet und unveränderlich ist. Sie kann Duplikate enthalten.

**Beispiel**

```
example_tuple = tuple((1, 4, 5, 1))

print(example_tuple)

>>> 1, 4, 5, 1
```

[31] Vgl. die Entwicklungsrichtlinie PEP 448 (www.python.org/dev/peps/pep-0448), um dieses Feature und weitere Beispiele kennenzulernen.

**Wörterbücher** (engl. dictionary) sind Pythons Antwort auf Switch-Anweisungen, die es in Python nicht gibt und ansonsten umfangreiche Ablaufsteuerungen geschrieben werden müssten.[32] Die Logik eines Wörterbuchs besteht darin, einen Wert basierend auf einem Eingabewert/Schlüssel zurückzugeben. Damit erlauben Sie im Gegensatz zu einer Liste, einen Wert über einen beliebigen Schlüssel, wie einen String, zu lesen. In anderen Sprachen werden Switch-Anweisungen verwendet, um eine ähnliche Logik zu erreichen. Wörterbücher stehen in geschweifter statt eckiger Klammer. Hier sind ein paar Beispiele für Wörterbücher:

**Beispiel**

```
example_dictionary = { '1': 'one', '2': 'two', '3': 'three' }
```

Wörterbücher werden verwendet, um Datenwerte in Schlüssel-Wert-Paaren zu speichern. Ein Wörterbuch ist eine Sammlung von Daten, die geordnet und veränderbar ist. Duplikate sind darin ausgeschlossen.

**Hinweis:**
Ab Python-Version 3.7 sind Wörterbücher geordnet. In Python 3.6 und früher sind Wörterbücher noch ungeordnet.

Um einen Wert eines bestimmten Schlüssels anzupassen bzw. zu erhalten, verwenden Sie einfach den Schlüssel:

**Beispiel**

```
# Umbenennung des Werts 1 in "Falsch"

example_dictionary["1"]: 'Falsch'

# Ausgabe des 2. Werts im Wörterbuch

example_dictionary["3"]
```

32 Zu solchen Switch-Anweisungen in der Programmiersprache C als Alternative für if-Bedingungen s. auch https://learn.microsoft.com/de-de/cpp/c-language/switch-statement-c?view=msvc-170; solche Anweisungen sind mittlerweile auch unter Python 3.10 als „match-statement" und „case-statements" nutzbar (vgl. https://docs.python.org/3/whatsnew/3.10.html).

Einem Wörterbuch lassen sich Schlüssel-Wert-Paare einfach wie folgt hinzufügen:

**Beispiel**

```
# Hinzufügen eines neuen Schlüssel-Wert-Paares

example_dictionary["4"] = "four"
```

Schließlich lässt sich auch ein Schlüssel-Wert-Paar mit dem Befehl **del** entfernen:

**Beispiel**

```
del example_dictionary["1"]
```

## 3.8 Module importieren

Auch wenn der Python-Interpreter bereits viele Funktionen eingebaut hat, wird das meiste davon in Modulen oder ganzen Paketen (sog. packages) verschiedener Module gespeichert, die vor der Verwendung importiert werden müssen.

Ein Beispiel neben dem bereits angesprochenen Datetime-Modul ist das Mathematikmodul „math", das bereits in der Standardbibliothek von Python mitgeliefert wird und u.a. auch trigonometrische Funktionen enthält. Der Befehl zum Import von Modulen lautet:

**Beispiel**

```
import math
```

Wenn Sie die Sinus-Funktion oder trigonometrische Funktion aus dem Mathematikmodul verwenden möchten, können Sie das Modul (das Paket) selbst importieren und nicht nur die Funktionen, die darin enthalten ist. Typischerweise werden Module auch mit einem Kürzel (sog. Aliasname) geladen:

**Beispiel**
import pandas as pd

Über diesen Alias lässt sich dann das Modul oder die Funktion aufrufen.

Um einzelne Funktionen eines Moduls zu importieren, wird beispielsweise der folgende Befehl mit dem Schlüsselwort **from** genutzt:

**Beispiel**
from functools import reduce

from datetime import datetime

Um mehrere Funktionen zu importieren, kann man ein Komma verwenden. Und mit der nachfolgenden Variante wird das ganze Modul importiert. Dabei lassen sich jetzt die Funktionsnamen direkt, also ohne das Präfix mit Modulname, aufrufen.

**Hinweis:**
from math import sqrt, cos

from math import *

## 3.9 Dateioperationen

Das Speichern und Laden von Python-Modulen bzw. Skripten ist wie zuvor gezeigt wurde recht einfach. In diesem Abschnitt soll eine grundlegende Methode zum Umgang mit Dateien erläutert werden. Bevor Sie mit Lesen einer Datei anfangen, ist festzustellen, in welchem Pfad Sie sich aktuell befinden. Sollten Sie die zu bearbeitende Datei nicht in diesem Pfad auf unserem Betriebssystem finden, müssen Sie den Pfad wechseln. Nachstehend sind die wichtigsten Befehle aufgelistet, um sicherzustellen, dass die aktuelle Pfadeinstellungen korrekt sind. Bitte importieren Sie vorab die Standardbibliothek **os** wie folgt, damit die weiteren Befehle ausgeführt werden können:[33]

[33] Vgl. auch die Dokumentation der Bibliothek unter https://docs.python.org/3/library/os.html

**Beispiel**
import os

Die wesentlichen Funktionen der Bibliothek **os** und deren ggf. erforderlichen Parameter zum Umgang der beiden Hauptkategorien Verzeichnisse und Dateien sind in der nachfolgenden Tabelle beschrieben.

| Kategorie | Beschreibung | Befehl |
|---|---|---|
| Verzeichnisse/ Pfade | Änderung des Arbeitsverzeichnis mit *path* als Parameter | os.chdir(path) |
| | Ermittlung des aktuellen Arbeitsver-zeich-nisses | os.getcwd() |
| | Verbindet mehrere Pfadkomponenten durch das Trennzeichen „/", mit *path_1* und *path_n* z.B. als Ober- und Unterverzeichnis | os.path.join(path_1, ..., path_n) |
| Dateien | Auflisten von Dateien und Ordnern in einem Verzeichnis | os.listdir(path) |
| | Überprüft, ob der Pfad ein Dateipfad ist | os.path.isfile(path) |
| | Überprüft, ob der Pfad ein Ordnerverzeichnis darstellt | os.path.isdir(path) |

Nachfolgend noch ein Beispiel, um den Pfad zu ändern:

**Beispiel**
sollpfad = r"C:\Users\DRT\Documents\Mandanten"

os.chdir(sollpfad)

**Praxistipp:**
Beim Umgang mit Pfaden empfiehlt es sich, vor den Pfadname das Präfix „r" zu setzen, damit die Zeichenkette des Pfads als sog. **Raw-String** gedeutet wird, damit von Python der Backslash nicht als Leerzeichen interpretiert wird und dann zu Fehlern führt.

Bevor Sie eine Datei lesen oder schreiben können, müssen Sie sie zunächst öffnen. Dazu sollten Sie in Python die Standard-Funktion **open()** verwenden, wobei zum Zeitpunkt des Öffnens der Modus angegeben wird, mit dem die Datei geöffnet werden soll. Die Funktion hat die Parameter *filename* und *mode*. Der Parameter *filename* ist ein String, der den Dateinamen oder Pfad und Namen definiert. Der zweite Parameter ist ebenfalls ein String, der die Zugriffsart definiert, z.B. „w+“ für schreibenden und „r“ für lesenden Zugriff. Nach Benutzung eines Dateiobjekts muss dieses mit **close()** wieder geschlossen werden.

**Beispiel**

```
# Lesen und Ausgabe eines Dateiinhalts für die Datei "Beispieltext.txt"

data = open("Beispieltext.txt","r")

dateiinhalt = data.read()

print(dateiinhalt)

data.close()
```

Schauen Sie sich als nächstes an, wie man eine Datei erstellt und wie der Schreibmodus funktioniert. Um die Datei zu verändern, schreiben Sie mit der Funktion **write()** Folgendes in Ihre Python-Umgebung:

**Beispiel**

```
# Schreiben einer Zeile in eine Text-Datei

data = open("Beispieltext.txt","w+")

data.write("Dies ist ein Test")

data.close()
```

## 3.10 Ausführen von Python-Code

Wenn Sie Ihren Code später wiederverwenden wollen, würden Sie nicht mit einem Befehlszeileninterpreter oder einer Shell arbeiten. Vielmehr würden Sie Ihren Code in einer neuen Datei als Modul bzw. Skript abspeichern. Diese Dateien zeichnen sich durch das Suffix ***„.py“*** aus. Ein neues Modul kann mit einem einfachen Texteditor, wie Notepad++, gelesen und verändert werden, da Python-Module bzw. Skripte Textdateien darstellen. In einer solchen Datei, beispielsweise mit dem Namen skript.py, könnten Sie den folgenden Code speichern:

**Beispiel**

```
# Dies ist ein Test

print("Hallo Welt")
```

Stellen Sie beim Speichern von Python-Modulen innerhalb von Textdateien sicher, dass diese immer das Suffix ***„.py“*** enthalten, damit Sie vom Python-Interpreter erkannt werden. Mit dem folgenden Befehl in der Kommandozeile unter Windows kann Python das Skript ausführen, das die folgende Ausgabe erzeugen wird:

**Beispiel**

```
python skript.py

>>> Hallo Welt
```

**Praxistipp:**
Unter Windows besteht auch die Möglichkeit, Python-Code bequem mit einer sog. Stapelverarbeitungsdatei (engl. Batch-File) auszuführen, sofern der Python-Interpreter richtig installiert wurde. Nachfolgend ein Beispiel eines solchens Skripts mit dem Anaconda-Interpreter.

**Beispiel**

```
@ECHO OFF

call "C:\ProgramData\Anaconda3\Scripts\activate.bat" # Aktivierung der Anaconda-Umgebung

cd "C:\Users\[User]\Documents\..." # Wechsel des Pfads zum Pythonskript

python skript.py
```

## 3.11 Debugging

Dass Fehler beim Erlernen einer neuen Programmiersprache passieren, ist normal. Im Code muss der Entwickler dann den Fehler (engl. bug) im Rahmen des Debuggings beseitigen. Debugging ist die Entfernung von solchen Bugs in Ihrem Code. Die Art der Bugs lässt sich allgemein wie folgt kategorisieren:

Offensichtliche Fehler werden als **Syntaxfehler** bezeichnet. Diese passieren, wenn Sie etwas falsch schreiben oder etwas weglassen. Der Python-Interpreter zeigt dies im nachfolgenden Beispiel an:

**Beispiel**

```
# Syntaxfehler

print("Hallo"

>>> SyntaxError: EOL while scanning string literal
```

Eine andere Art von Fehler ist ein **Logikfehler**. Diese sind schwieriger zu erkennen, da sie normalerweise keinen Einfluss darauf haben, dass Ihr Code ausgeführt werden kann. Diese Fehler beziehen sich eher auf Ihren Prozess für die Aufgabe, die Sie ausführen möchten (auch bekannt als Algorithmus).

Die ersten paar Zeilen zeigen einen Indexfehler außerhalb des Bereichs. Dies ist beim folgenden Code recht leicht zu sehen, da der abgefragte Index von 4 außerhalb des Bereichs 0 bis 2 liegt.

**Beispiel**

```
example=[0, 10, 20] # Definiere eine Liste mit 3 Elementen

example[4] # Zeige das 4. Element

>>> IndexError: list index out of range
```

Eine andere Sache, die Sie beachten sollten, sind natürlich auch die mathematischen Rechenregeln.

**Praxistipp:**
Wie bereits erwähnt, und es kann nicht oft genug gesagt werden: Schauen Sie auf **Stackoverflow** nach, um Ihr Problem zu lösen.

## 3.12 Klassen

Bisher haben Sie das Konzept der Module und der Funktionen von Python kennengelernt. Als Anfänger wird man einige Funktionen für einzelne Probleme selbst schreiben oder aus vorhandenen Modulen importieren und aufrufen. Was aber, wenn es um komplexe Anwendungen geht mit vielen Funktionalitäten? Die moderne Programmierung benutzt in diesem Fall eine Methode, die sich objektorientierte Programmierung nennt (kurz: OOP). Dabei werden Variablen und Funktionen in Code-Blöcke gruppiert, die sich Objekte nennen, und diese Objekte bilden Ihr Programm. Dieser Abschnitt veranschaulicht diese objektorientierte Programmierung (kurz: OOP). OOP ist schwer zu beschreiben, macht aber bei vielen komplexen Anwendungen Sinn. Auf einer einfachen Ebene ist fast alles ein Objekt in Python. Um dies zu demonstrieren, wird einfach eine neue Klasse von Objekten implementiert, die von der Wirklichkeit abstrahiert. Kurzum: Gehen Sie insoweit eine Ebene höher und betrachten die Logik eines Buchhaltungsprogramms. Dabei starten Sie mit dem Konzept der Hauptabschlussübersicht als Kernelement eines solchen Programms.

In diesem Programm lässt sich die Logik hierfür zunächst über eine neuen Klasse für eine Hauptabschlussübersicht (engl. Trial Balance) definieren. Eine Klasse zeichnet sich durch ihre Attribute, die in einer Funktion mit dem Namen **__init__** steckt, und Methoden aus, die, ähnlich wie Funktionen, einen Wert zurückgeben. Hier ist ein Beispiel-Code für diese Klasse dargestellt:

**Beispiel**

```
class Trialbalance():

    def __init__(self):

        self.trialbal=[]

        print(self.trialbal)
```

```
def addlist(self, number):
    self.trialbal.append(number)
```

Die Klasse **Trialbalance** beinhaltet zunächst das Objekt namens **trialbal** als Python-Liste, das die Liste der Kontonummern enthält sowie eine Methode, um dem Objekt Trialbalance Kontonummern hinzuzufügen. Auffällig daran ist, dass die Variable Trialbalance nunmehr groß geschrieben wurde, da es sich um eine Klasse handelt. Das Objekt kann über trialbal() selbst angezeigt werden kann. Zusätzlich wird der Klasse die Methode addlist() hinzugefügt, mit der eine neue Kontonummer hinzugefügt werden kann. Die Funktionsweise wird nach dem Ausführen des Moduls und der Definition von Objekten durch Parametrisierung der verschiedenen Klassen deutlich. Initialisiert wird die Klasse (Erzeugung einer Instanz) wie folgt:

**Beispiel**

```
# Erzeugung einer Instanz der Klasse Trialbalance

k = Trialbalance()

>>>[]
```

Beim erstmaligen Aufruf ist das Objekt ohne Inhalt. Diesem Objekt fügen Sie nun mit der Methode **addlist()** und einem Parameterwert eine neue Kontonummer hinzu.

**Beispiel**

```
k.addlist(340)

>>>340
```

Wie sie sehen können, wurde damit in der neuen Instanz eine Kontonummer hinzugefügt. Die Instanz können Sie auch mit dem folgenden Befehl aufrufen:

**Beispiel**

```
k.trialbal

>>>340
```

Nach einem erneuten Aufruf der Methode **addlist()** mit einem neuen Parameterwert ergibt sich somit folgender Inhalt des Objekts innerhalb der Instanz.

**Beispiel**

k.addlist(270)

>>>[340, 270]

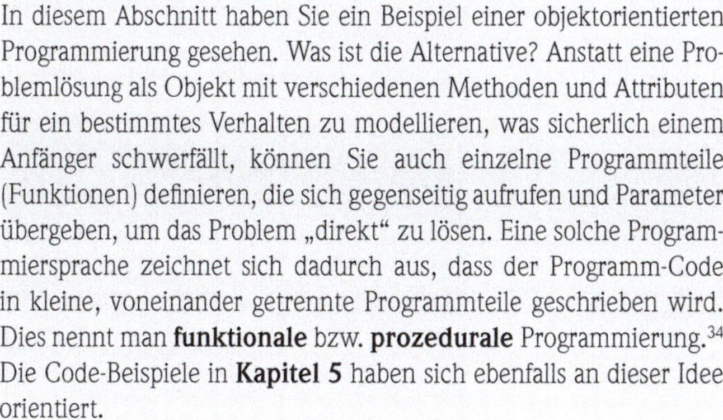

**Hinweis:**

Funktionale versus objektorientierte Programmierung:

In diesem Abschnitt haben Sie ein Beispiel einer objektorientierten Programmierung gesehen. Was ist die Alternative? Anstatt eine Problemlösung als Objekt mit verschiedenen Methoden und Attributen für ein bestimmtes Verhalten zu modellieren, was sicherlich einem Anfänger schwerfällt, können Sie auch einzelne Programmteile (Funktionen) definieren, die sich gegenseitig aufrufen und Parameter übergeben, um das Problem „direkt" zu lösen. Eine solche Programmiersprache zeichnet sich dadurch aus, dass der Programm-Code in kleine, voneinander getrennte Programmteile geschrieben wird. Dies nennt man **funktionale** bzw. **prozedurale** Programmierung.[34] Die Code-Beispiele in **Kapitel 5** haben sich ebenfalls an dieser Idee orientiert.

## 3.13 Schlussfolgerung

Dieser Abschnitt hat die Grundkonzepte von Python dargestellt, was für ein Grundverständnis von Python ausreichen sollte. Dabei lag das Hauptaugenmerk insbesondere auf der Auswertung eines numerischen Ausdrucks, auf der Definition von Funktionen und darauf, wie man ein Python-Skript schreibt, das eine Funktion enthält, die ausgeführt werden kann. Abschließend wurde das Konzept der objektorientierten und funktionalen Programmierung erläutert.

[34] Vgl. https://www.geeksforgeeks.org/differences-between-procedural-and-object-oriented-programming/

**Praxistipp:**
Als Einsteiger verwenden Sie bereits vorhandene Bibliotheken und Module. Deren Klassen inklusive Attribute und Methoden sind stets verschieden. Entwickler werden hierfür in der Regel aber Dokumentationen bereitstellen, die diese erläutern. Es empfiehlt sich, diese zu kennen, um die einzusetzenden Bibliotheken wie konzipiert zum Einsatz bringen zu können. Diese Dokumentationen sind standardmäßig auf dem Software-Verzeichnis PyPI zu diesen verlinkt.

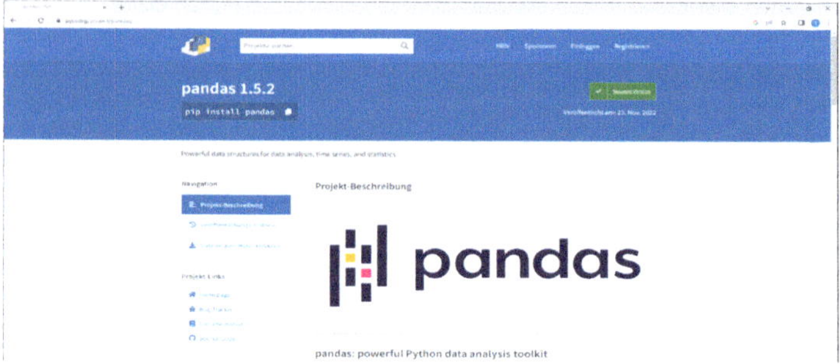


**Abb. 3.4** Verweis eines Pakets auf dessen Dokumentation im Python-Software-Verzeichnis PyPI[35]

[35] Eigene Darstellung; Screenshot: T. Dreixler.

# 4 Ein Streifzug durch Python-Bibliotheken

**Nach Installation von Python auf Ihrem Rechner sind Sie soweit, um mit Python loszulegen. Weitere Tools und Bibliotheken helfen, die eher langsam ausgeführte Sprache zu beherrschen. Warum sollten Sie weitere Libraries nutzen? Nun, gerade dies ist es, was Python auszeichnet. Der offene Austausch in der Python-Community hat nämlich dazu geführt, dass das Python-Tool-Set den eher numerischen bzw. statistischen Sprachen wie R den Rang abläuft und daher mittlerweile zum bevorzugten Standard im Bereich Machine Learning und Data Science wurde.[36]**

## 4.1 Wichtige Python-Bibliotheken

Unabhängig davon, welches Betriebssystem Sie verwenden, stellen Sie sicher, dass Sie mindestens aktuelle Versionen der folgenden Python-Pakete/-Bibliotheken installiert haben:

- Pandas: Bibliothek für die effiziente und schnelle Datenanalyse inkl. -aufbereitung[37],
- NumPy: Bibliothek für numerische Rechenoperationen mit mehrdimensionalen Arrays (Vektoren, Matrizen ...)[38],
- SciPy: Bibliothek für verschiedene statistische Berechnungen[39],
- Matplotlib: die Standard-2D- und 3D-Plotbibliothek[40].

Nachdem Sie diese Bibliotheken installiert haben, ist es möglich, alle im Buch bereitgestellten Module und Skripte zu verwenden.

Die Installation einzelner Pakete und Bibliotheken kann sich jedoch manchmal als zu zeitaufwendig und ineffizient herausstellen. Es wird daher empfohlen, zumindest eine komplette Python-Distribution, wie Anaconda, zu installieren, die im Allgemeinen bereits die Bibliotheken

36 Zum Indexstand der beliebten Programmiersprachen s. https://www.tiobe.com/tiobe-index/
37 Vgl. https://pandas.pydata.org/
38 Vgl. http://numpy.org
39 Vgl. https://scipy.org/
40 Vgl. https://matplotlib.org/

in den Versionen mitliefert, die miteinander kompatibel sind. Im Folgenden werden die Hauptbibliotheken Pandas, Numpy und Matplot in Grundzügen erläutert.

## 4.2 Pandas

Pandas ist eine Open-Source-Bibliothek, die leistungsstarke, einfach zu verwendende Datenstrukturen und Datenanalysewerkzeuge bereitstellt.41 Ein Dataframe ist darin die primäre in Pandas verwendete Datenstruktur. Das Objekt Dataframe entspricht einer Tabelle in Excel mit entsprechenden Eigenschaften wie Index, Zeile und Spalten.

### 4.2.1 Einstieg

Pandas ist ein Python-Paket, das umfangreiche Datenstrukturen und Funktionen zur Datenanalyse unterstützt und vom PyData-Entwicklungsteam entwickelt wird. Es konzentriert sich auf die Verbesserung der Datenbibliotheken von Python. Pandas besteht aus folgenden Elementen:[42]

- Eine Reihe von Array-Datenstrukturen: Die primären davon sind Serie- und Dataframe-Objekte, die sowohl eine einfache Achsenindizierung als auch eine mehrstufige/hierarchische Achsenindizierung ermöglichen;
- Werkzeuge zum Bearbeiten von Datenstrukturen;
- Eingabe-/Ausgabewerkzeuge, die Daten aus flachen Dateien, wie Text- oder CSV-Dateien oder dem Excel-Format, laden und speichern und optimale Speicherversionen der Standarddatenstrukturen bereitstellen;
- Statistiken zu beweglichen Fenstern bei der Analyse von Zeitreihen[43]

Aufgrund dieser Funktionen ist Pandas ein ideales Werkzeug für Systeme, die komplexe Datenstrukturen oder leistungsstarke Zeitreihenfunktionen benötigen.

---

41 Mittlerweile wurde Pandas in der Version 2.0.0 releast, die insbesondere Verbesserungen bei der Performance verspricht (vgl. https://pandas.pydata.org/docs/whatsnew/v2.0.0.html).

42 Siehe auch das offizielle Cheatsheet (https://pandas.pydata.org/Pandas_Cheat_Sheet.pdf)

43 Vgl. https://wesmckinney.com/book/time-series.html#tseries_moving_funcs

**Hinweis:**
Da viele potenzielle Pandas-Benutzer mit Tabellenkalkulationsprogrammen, wie Microsoft Excel (kurz: Excel) vertraut sind, soll diese Seite[44] einige Beispiele dafür geben, wie verschiedene Tabellenkalkulationsvorgänge mit Pandas durchgeführt würden. Diese Seite verwendet die Terminologie von Excel und einen Link zur Dokumentation für Excel.

### 4.2.2 Installation

Um Pandas wie andere Python-Pakete verwenden zu können, müssen Sie die Bibliothek zunächst in eine Python-Laufzeitumgebung zu Beginn des Programms laden bzw. importieren:

**Beispiel**

```
import pandas as pd
```

### 4.2.3 Hauptdatenstrukturen

Lernen Sie zunächst zwei der primären Datenstrukturen von Pandas kennen: die **Pandas-Serie** und das **Pandas-Dataframe (jeweils kurz Serie und Dataframe)**. Eine Serie hat andere Methoden und Eigenschaften als ein Dataframe, was damit häufig zu Fehlern wegen der Möglichkeit zur Verwechslung führt.

Eine Serie ist ein eindimensionales Objekt, das einem Array, einer Liste oder einer Spalte in einer Excel-Tabelle ähnelt. Sie kann jede Art von Datentyp enthalten. Jedes Element in einer Serie ist einem Eintrag in einem Index zugeordnet:

44 https://pandas.pydata.org/docs/dev/getting_started/comparison/comparison_with_spreadsheets.html

**Beispiel**

**Konzept einer Serie**

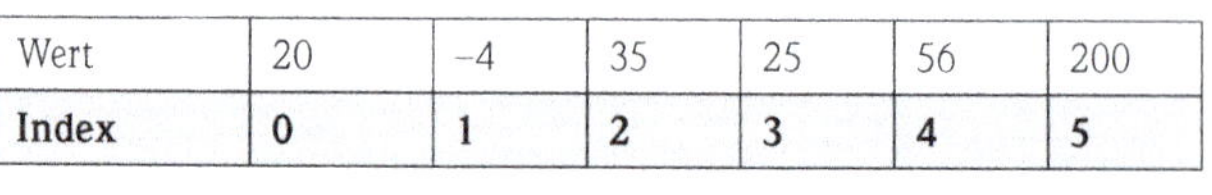

| Wert | 20 | –4 | 35 | 25 | 56 | 200 |
|---|---|---|---|---|---|---|
| **Index** | **0** | **1** | **2** | **3** | **4** | **5** |

Eine Serie wird wie folgt gebildet, wobei nachfolgend eine individuelle Indexierung erfolgt:

**Beispiel**

```
s = pd.Series([20, –4, 35, 25, 56, 200], index=['a', 'b', 'c', 'd', 'e', 'f'])

s[2] #Zeige das 3. Element an

>>> 35
```

Ein Dataframe ist eine tabellarische Datenstruktur, die eine Reihe von geordneten Spalten und Zeilen umfasst. Es kann als eine Gruppe von Serienobjekten angesehen werden, die sich einen Index (die Spaltennamen) teilt.

**Beispiel**

**Konzept eines Dataframes**

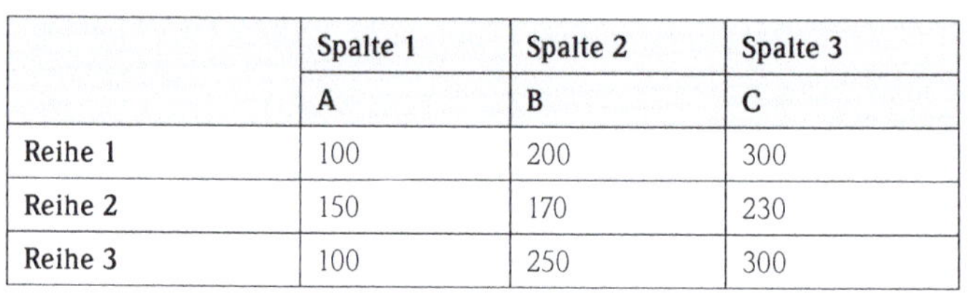

| | **Spalte 1** | **Spalte 2** | **Spalte 3** |
|---|---|---|---|
| | **A** | **B** | **C** |
| **Reihe 1** | 100 | 200 | 300 |
| **Reihe 2** | 150 | 170 | 230 |
| **Reihe 3** | 100 | 250 | 300 |

Es gibt eine Reihe von Möglichkeiten, ein Dataframe-Objekt zu erzeugen. Werfen Siezunächst einen Blick auf das häufige Beispiel hierfür, nämlich die Erstellung eines Dataframes aus einem Wörterbuch:

**Beispiel**

data = {'A': [100, 150, 100], 'B': [200, 170, 250],'300': [300, 230, 300]}

df = pd.DataFrame(data, columns=['A', 'B', 'C'])

Dies führt zu folgendem Ergebnis, das Sie mit der **head()**-Methode in einem Jupyter Notebook erzeugen:

| | A | B | C |
|---|---|---|---|
| **0** | 100 | 200 | NaN |
| **1** | 150 | 170 | NaN |
| **2** | 100 | 250 | NaN |

**Abb. 4.1** Ausgabe eines Dataframes[45]

Ein Dataframe-Objekt kann auch aus verschiedenen Datenstrukturen, wie einer Liste von Wörterbüchern, oder einem Wörterbuch von Series erstellt werden. Die Methode zur Initialisierung eines Dataframe-Objekts ähnelt den obigen Beispielen.

Ein weiterer häufiger Fall besteht darin, Daten von einem Speicherort, wie einer Textdatei, einem Dataframe zur Verfügung zu stellen. In dieser Situation kann die Funktion **read_csv() verwendet werden**, die erwartet, dass das Spaltentrennzeichen standardmäßig ein Komma ist. Dies kann jedoch geändert werden, indem Sie den „sep"-Parameter verwenden:

**Beispiel**

data = pd.read_csv("datensatz.csv", sep =';')

Beim Lesen einer Datendatei möchten Siemanchmal eine Zeile oder einen ungültigen Wert überspringen. In der Version von Pandas 2.0.0 unterstützt die Methode **read_csv()** über 50 Parameter zur Steuerung

45 Eigene Darstellung; Screenshot: T. Dreixler.

des Ladevorgangs. Einige gängige nützliche Parameter finden Sie in der nachstehenden Tabelle:

| Parameter | Erläuterung | Beispiel |
|---|---|---|
| usecols | Es werden nur ein paar Spalten aus dem Datensatz benötigt. | pd.read_csv(data, usecols = [0, 1, 2]) |
| sep | Dies ist ein Trennzeichen zwischen den Spalten. Die Standardeinstellung ist das Kommasymbol. | pd.read_csv(data, sep = ';') |
| dtype | Dies ist ein Datentyp für Daten oder Spalten. | pd.read_csv(data, dtype = {'SpalteA' = float, 'SpalteB' = 'str'}) |
| header | Dies legt Zeilennummern fest, die als Spaltennamen verwendet werden. | pd.read_csv(data, header=0) |
| skiprows | Dies überspringt Zeilennummern, die am Anfang der Datei übersprungen werden sollen. | pd.read_csv(data, skiprows=1) |
| encoding | Verwendete Zeichentabelle, wie z.B. ANSI, UTF-8 oder latin-1 | pd.read_csv(data, encoding= 'latin-1') |

Darüber hinaus unterstützt Pandas auch das Lesen und Schreiben eines Dataframes direkt aus oder in eine Datenbank, wie die Funktion **read_sql()** oder **to_sql()**. In einem späteren Abschnitt wird der Einsatz der Pandas-Methode **read_csv()** demonstriert.

### 4.2.4 Interaktion mit Excel- und CSV-Dateien

Die Möglichkeit, Excel-Dateien mit all ihren Blättern zu lesen, ist eine sehr leistungsstarke und praktische Technik, die in Pandas verfügbar ist. Das Thema dieses Unterabschnitts ist daher, wie man Daten aus und in Excel-Tabellen liest und schreibt. Zu diesem Zweck wird eine Excel-Beispieldatei benötigt. Dies geschieht mit der **read_excel()**-Methode, wie im folgenden Code gezeigt:

**Beispiel**

```
data= pd.read_excel("Datensatz.xlsx")
```

Die Methode übernimmt den Pfadnamen und Dateinamen als Parameter. Stellen Sie sicher, dass dies der richtige Pfad zur Excel-Beispieldatei ist. Der Import funktioniert sowohl mit **.xls**- als auch mit **.xlsx**-Dateien.

Mit dem Argument **sheet_name** kann der Methode **read_excel()** ferner der zu lesende Blattname mitgegeben werden.[46]

**Beispiel**

```
Data = pd.read_excel("Datensatz.xlsx", sheet_name="Tabelle2")
```

Neben dem Lesen von CSV- oder Excel-Dateien lässt sich einPandas-Dataframe mit den Methoden **to_csv()** oder **to_excel()**aber auch in eine CSV- oder Excel-Datei schreiben. Dabei kann auch das Verzeichnis als Parameter eingegeben werden, in das die CSV-Datei exportiert werden soll:

**Beispiel**

Schreiben eines Dataframe in eine CSV- oder Excel-Datei

```
data.to_csv('C:\Users\DRT\Desktop\Ergebnis.csv')

data.to_excel('C:\Users\DRT\Desktop\Ergebnis.xlsx')
```

### 4.2.5 Daten von einer Webseite lesen

Mehrmals lesen Sie im praktischen Alltag Daten direkt von einer Webseite. Über die URL der Seite können darin Daten oder eine Datei verfügbar sein, die diese relevanten Daten enthalten. Navigieren Sie z.B. zu dieser Webseite:

**Abb. 4.2** Webseite Opendata von Destatis[47]

46 Vgl. https://pandas.pydata.org/docs/reference/api/pandas.read_excel.html

47 Vgl. https://www.destatis.de/DE/Service/OpenData/konjunkturindikatoren-csv.html; eigene Darstellung; Screenshot: T. Dreixler.

Eine CSV-Datei kann mit Python automatisch heruntergeladen werden. Wenn Sie es manuell herunterladen möchten, ist das Speichern und dann die Angabe des Verzeichnispfads für Sie ein zeitaufwendiger Prozess. Stattdessen ermöglicht Python, solche Dateien mit der **read_csv()**-Methode direkt von der URL zu lesen. Abgesehen von der erheblichen Zeitersparnis, ist es insbesondere dann von Vorteil, wenn viele solcher Dateien heruntergeladen wird und dabei nur ein Teil gelesen bzw. verarbeitet werden soll.

Eine einfache **read_csv()**-Anweisung ist erforderlich, um die Daten direkt von der URL zu lesen:

**Beispiel**

```
# Lesen von Verbraucherpreisen von Destatis und Ausgabe

data=pd.read_csv("https://www.destatis.de/static/de_/opendata/data/preise_ueberblick_originalwert.csv", header=1, skiprows=0, encoding='latin-1', sep=';')

data.head()
```

| | Datum | Verbraucherpreisindex, 2015=100 | Index der Einzelhandelspreise, 2015=100 |
|---|---|---|---|
| 0 | 01/03/2012 | 97,1 | 98,6 |
| 1 | 01/04/2012 | 96,9 | 98,7 |
| 2 | 01/05/2012 | 96,8 | 98,5 |
| 3 | 01/06/2012 | 96,7 | 98,2 |
| 4 | 01/07/2012 | 97,1 | 97,8 |

**Abb. 4.3** Download und Darstellung der Verbraucherpreise mit der Pandas-read_csv-Methode[48]

**Hinweis:**
Alternativ kann man auch andere Python-Pakete verwenden, um mit Daten auf Webseiten umzugehen und diese zu beschaffen. Diese sind die Pakete **csv** und **urllib** sowie **request**. Die Leser können zur Dokumentation der Pakete gehen, um mehr über diese Pakete zu er-

48 Eigene Darstellung; Screenshot: T. Dreixler.

fahren. Es genügt, zu wissen, dass das Paket **csv** eine Reihe weiterer Methoden zur Verarbeitung der CSV-Dateien bietet, während **urllib** verwendet wird, um zu navigieren und auf Informationen und Daten von einer URL zuzugreifen. Das Paket **„Requests“** werden Sie im Abschnitt 5.4 im Einsatz sehen.

### 4.2.6 Zusammenfügen von Tabellen

In Pandas können Sie einzelne Dataframes zu einem einzigen Dataframe verbinden (engl. „Join“). Die aus der Datenbanksprache SQL bekannten Joins funktionieren auch hier. In Python gelingt dies mit der Methode **merge()** und der Angabe von weiteren Parametern wie folgt:

**Beispiel**

new_df = pd.merge(dataframe1, datafram2, parameter)

Zur Parametrisierung müssen dem Join noch die Art der Verbindung und die zu verbindenden Felder (Spalten) definiert werden. Hierfür werden die Schlüsselwörter „**how**“ und „**on**“ verwendet.

**Beispiel**

# Beispiel eines "Left Join" mit den in beiden Dataframes enthaltenen Spalten "Konto" und "Bezeichnung"

new_df =pd.merge(data1, data2, how='left', on=["Konto", "Bezeichnung"])

Wenn die Spalten in beiden Dataframes unterschiedlich bezeichnet sind, gelingt dies mit dem folgenden Befehl:

**Beispiel**

Beispiel eines "Left Join" zweier Dataframes mit unterschiedlich bezeichneten Sachkontenspalten

new_df =pd.merge(data1, data2, how='left', left_on="Konto", right_on= "Sachkonto")

Folgende Joins zweier Dataframes sind damit möglich:

| Join-Typ | Parameter-Wert | Visuelle Erklärung |
|---|---|---|
| Inner Join | how="inner" | 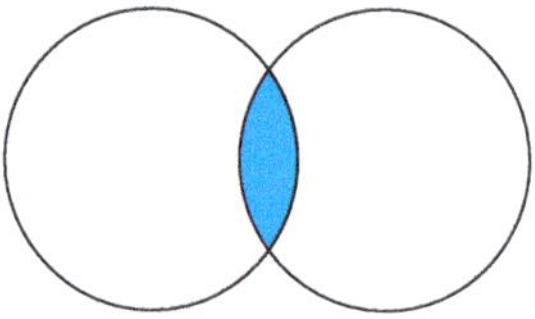 |
| Left Join | how="left" | 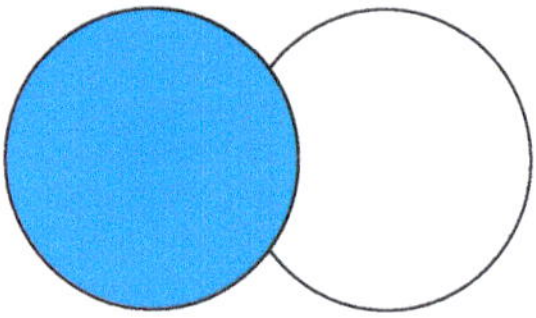 |
| Right Join | how="right" | 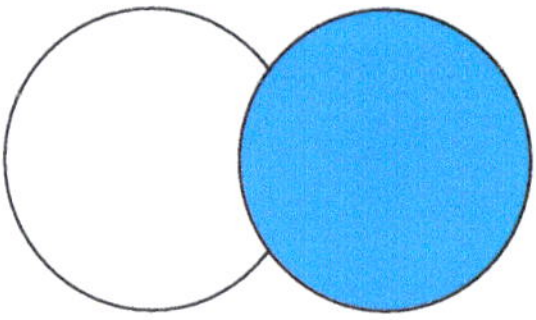 |
| Outer Join | how="outer" | 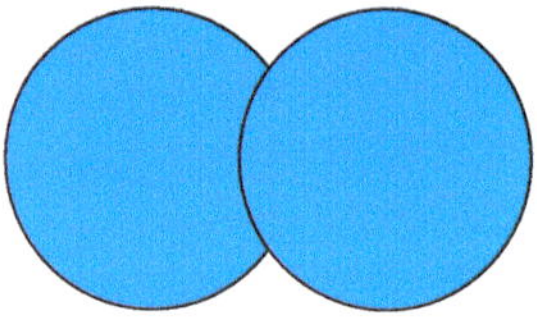 |

Eine weitere Art der Verbindung von Dataframe ist die Verkettung (engl. **Concatenation**). Wenn die Spalten in beiden Dataframes unterschiedlich bezeichnet sind, gelingt eine Verkettung mit dem folgenden Befehl:

**Beispiel**

```
# Beispiel einer Verbindung zweier Dataframes als Verkettung entlang der Spalten

new_df =pd.concat(data1, data2, axis= 1)
```

Die nachfolgende Tabelle verdeutlicht die Funktionsweise in Python mit der Methode **pd.concat()**:

<table>
<tr><th>Art der Verkettung</th><th>Parameter-Wert</th><th>Visuelle Erklärung</th></tr>
<tr><td>Reihen</td><td>axis=0</td><td>
<table><tr><th></th><th>Spalte 1</th><th>Spalte 2</th></tr><tr><td>0</td><td>A</td><td>B</td></tr></table>
<table><tr><th></th><th>Spalte 1</th><th>Spalte 2</th></tr><tr><td>0</td><td>C</td><td>D</td></tr></table>
<table><tr><th></th><th>Spalte 1</th><th>Spalte 2</th></tr><tr><td>0</td><td>A</td><td>B</td></tr><tr><td>1</td><td>C</td><td>d</td></tr></table>
</td></tr>
<tr><td>Spalten</td><td>axis=1</td><td>
<table><tr><th></th><th>Spalte 1</th></tr><tr><td>0</td><td>A</td></tr><tr><td>1</td><td>B</td></tr></table>
<table><tr><th></th><th>Spalte 1</th></tr><tr><td>0</td><td>C</td></tr><tr><td>1</td><td>D</td></tr></table>
<table><tr><th></th><th>Spalte 1</th><th>Spalte 2</th></tr><tr><td>0</td><td>A</td><td>C</td></tr><tr><td>1</td><td>B</td><td>D</td></tr></table>
</td></tr>
</table>

### 4.2.7 Weitere Pandas-Operationen

Ein Dataframe kann mit verschiedenen Methoden näher beschrieben werden und liefert damit verschiedene Eigenschaften zurück. Diese sind:

| Pandas-Methode | Beschreibung |
|---|---|
| df.describe() | liefert eine Übersicht verschiedener statistischer Kennziffern |
| df. head() / df.tail() | gibt die ersten fünf bzw. letzten Zeilen eines Datensatzes zurück |
| df.info() | gibt den Speicherbedarf des Datensatzes aus |
| df.shape() | gibt die Dimensionalität des Datensatzes aus |
| df.types | gibt die Datentypen des Datensatzes zurück |
| df.index | gibt den Index des Datensatzes zurück |
| df.columns | gibt ggf. einzelne oder alle Spalten als Serie zurück |

Zum Filtern von Dataframes stehen die Methoden **loc[row_labels, columns_labels]** und **iloc[row_number, column_number]** zur Verfügung. Beide funktionieren ähnlich, unterscheiden sich aber in den benötigten Datentypen als Argumente.

**Beispiel**

# Zeige ein Dataframe ab Zeile 2 für alle Spalten an

df.loc[1:,:] oder df.iloc[1:,:]

# Zeige ein Dataframe ab Zeile 2 für die 2. Spalte "Verbraucherpreise"

df.loc[1:,"Verbraucherpreise"] oder df.iloc[1:, 1]

Während **loc()** die Bezeichnungen als Argumente benötigt, wird bei **iloc()** der Index, also eine Zahl, benötigt. Um einen Bereich abzufragen, kann das Trennzeichen „**:**" als Argument verwendet werden. Sowohl **loc** als auch **iloc** können ein Dataframe als auch eine Serie als Output erzeugen. Dies hängt von der Anzahl der ausgegebenen Spalten ab. Bei nur einer Spalte liegt eine Serie vor, ansonsten ein Dataframe.

Mit einer Oder-Verknüpfung können in einem Dataframe mehrere Angaben gefiltert werden, was manchmal besonders praktisch ist. Dies erfolgt mit dem Symbol „|" (Senkrechter Strich bzw. engl. Pipe).

**Beispiel**

# Filtere die Spalte "Name" eines Dataframes nach den Namen "Maier" oder "Kaiser"

df.loc[(df['Name'] == 'Maier') | (df['Name'] == 'Kaiser')]

Fehlende oder falsche Werte in einem Dataframe können mit der Methode **replace()** ersetzt werden. Mit dem Parameter „**inplace=True**" erfolgt die Änderung direkt im Dataframe und es entsteht kein neuer Output.

**Beispiel**
# Ersetze den Namen "Maier" durch den Namen "Kaiser" in der Spalte "Name" des Dataframes

```
df["Name"].replace("Maier", "Kaiser")
```

# Alternativ: Definition einer Filterbedingung "mask" mit zwei Datumswerten "Anfangs- und Enddatum" und Einsetzen des Filters in das Dataframe

```
mask=(df["date"]>=begin) & (df["date"]<=end)
newdf = df.loc[mask]
```

Mit der Methode **drpna()** löschen Sie Werte aus dem Dataframe. Mit der Methode **fillna()** ersetzen Sie bestimmte Werte durch andere.

Statt mit einer For-Schleife und einer if-Bedingung Werte zu filtern oder zu ersetzen, bietet sich die pandas-Methode mask an. Mask lifert einen Wahrheitswert zurück, der in die Bedingung eingesetzt werden kann. Dies beschleunigt zudem den Code.

**Beispiel**
# Ersetze alle Werte in der Spalte "Age" mit dem Wert "NaN" (Not a value), wenn die Bedingung zutrifft

```
newdf = df.mask(df["age"]>10.0)
```

Mit Dataframes und einzelnen Spalten kann man auch klassische Rechenoperationen durchführen. Um z.B eine Spalte C eines Dataframe (df[“C“]) zu erzeugen, lassen sich die Spalten A mit df[“A“] und B mit df[“B“] durch ein Additionszeichen zusammenfassen. Selbstverständlich sind auch Division, Multiplikation und ähnliches mit einem Dataframe und einer Serie möglich.

**Beispiel**
# Addition zweier Spalten "A" und "B" zu einer neuen Spalte "C"

```
df["C"] = df["A"] + df["B"]
```

Mit der Methode **apply()** kann man beispielsweise eine Funktion auf jedes Element einer Spalte eines Dataframes anwenden.

**Beispiel**

```
def convert(x):

  z = 1+ x/100

  return z

# Anwendung der Funktion convert() auf die Spalte "A" eines Dataframes

df["A"].apply(lambda x: convert(x))
```

In vielen Fällen ist es auch sinnvoll, den Index eines Dataframes zu ändern. Dies kann mit der Methode **set_index()** erfolgen. Der Parameterwert „**inplace=True**“ unterdrückt dabei den Output, sodass eine direkte Änderung in der Spalte erfolgt. Wenn Sie den Index sortieren wollen, dann gelingt dies mit der Methode **sort_index()**, wobei Sie mit dem Setzen des Parameterwerts „**ascending**“ auf „**False**“ das Dataframe absteigend sortieren.

## 4.3 NumPy

NumPy ist eine weitere leistungsstarke Bibliothek für numerische Operationen, um insbesondere Vektor- und Matrizenrechnungen in einer kompakten Form und mit hoher Geschwindigkeit durchzuführen. Die Geschwindigkeit kommt von der Umsetzung der Hauptteile der Bibliothek in der Programmiersprache C.[49]

### 4.3.1 Einstieg

Die Bibliothek NumPy wird mit dem folgenden Befehl geladen:

**Beispiel**

```
import numpy as np
```

[49] Hier besteht sogar eine direkte API zu C, um Python-Code in C ausführen zu lassen; s. auch https://numpy.org/doc/stable/reference/c-api/index.html

### 4.3.2 Hauptdatenstrukturen

Die wesentlichen Datenstrukturen von NumPy sind **Vektoren** und **Matrizen** (Arrays), die nachfolgend dargestellt werden. Ein **NumPy-Vektor** kann aus einer einfachen Liste numerischer Zahlen gebildet werden und weist dabei folgende Struktur auf:

**Beispiel**

```
# NumPy-Vektor (Array) mit der Dimension 1

a= [0, 1, 0, 0, 0 ...]

# Beispiel zur Erzeugung eines Vektors mit der Methode np.array()

a = np.array([1, 2, 3])

>>> array([1, 2, 3])
```

Zur Bildung eines Nullvektors wird die Methode **np.zeros()** benötigt:

**Beispiel**

```
# Erzeugung eines Nullvektors

np.zeros((3))

>>> array([0, 0, 0])
```

Das Array ist initial mit Nullen gefüllt. Bei der Methode **np.zeros()** wie auch bei anderen Datenstrukturen von NumPy gibt es auch die Möglichkeit, dem Vektor den jeweiligen Datentyp, z.B. Integer, für ganze Zahlen oder Float für Dezimalzahlen mit dem Attribut „dtype" mitzugeben. Standardmäßig verwendet NumPy andernfalls den Datentyp „float64".

Eine **NumPy-Matrize** ist eine weitere Datenstruktur. Hierbei handelt es sich um einen multidimensionalen Vektor:

**Beispiel**

```
# Beispiele für mehrdimensionale Vektoren/Matrizen:

b = np.array([(1.5, 2, 3), (4, 5, 6)], dtype = float) # mit der Dimension 2

c = np.array([[(1.5, 2, 3), (4, 5, 6)],[(3, 2, 1), (4, 5, 6)]], dtype = float)
# mit der Dimension 3
```

### 4.3.3 Erzeugung von Arrays

Es gibt verschiedene Methoden, um NumPy-Vektoren und -Matrizen auch unter Verwendung von Standardwerten (initiale Platzhalter) zu erzeugen. Diese sind:

| Methoden zur Erzeugung | Beschreibung | Beispiel |
|---|---|---|
| np.zeros((3,4)) | Erstelle eine Nullmatriz mit der Dimension 3x4 | array([[0., 0., 0., 0.],<br>[0., 0., 0., 0.],<br>[0., 0., 0., 0.]]) |
| np.zeros_like(a) | Erstelle eine Matriz mit der Dimension so wie a | - |
| np.ones((3,4),<br>dtype=np.int16) | Erstelle eine entsprechende Nullmatrix vom Datentyp Integer | array([[1, 1, 1, 1],<br>[1, 1, 1, 1],<br>[1, 1, 1, 1]], dtype=int16) |
| np.arange(10,25,5) | Erstellen Sie einen Vektor mit gleichmäßig verteilten Werten | array([10, 15, 20]) |
| np.linspace(0,2, 6) | | array([0., 0.4, 0.8, 1.2, 1.6, 2.]) |
| np.full((2,2),7) | Erstelle einen konstanten Vektor | array([[7, 7], [7, 7]]) |
| np.eye(2) | Erstelle eine 2x2-Einheitsmatrix | array([[1., 0.], [0., 1.]]) |
| np.random.random((2,2)) | Erstelle einen Vektor mit Zufallszahlen | array([[0.36263779, 0.63056329], [0.32391673, 0.6538803 ]]) |
| np.empty((2,2)) | Erstelle eine 2x2-Zufallsmatrix | array([[1., 0.], [0., 1.]]) |

### 4.3.4 Untersuchung von Arrays

Manchmal kann es vorkommen, die Form bzw. genauer die Dimension oder andere Eigenschaften des Arrays zu untersuchen, um weitere Operationen darauf ausführen zu können. Gegebenenfalls müssen dabei auch bestimmte Eigenschaften des Arrays geändert werden. Dies können Sie mit den folgenden Methoden tun. Um die Methoden zu demonstrieren, soll das Array den Wert np.array([1, 2, 3, 4]) annehmen:

| Untersuchung von Arrays | Beschreibung | Beispiel |
|---|---|---|
| a.shape | Dimension des Arrays ermitteln | (4,) # Vektor der Dimension 1 (=1 Reihe)mit 4 Elementen in der Reihe |
| len(a) | Anzahl der Elemente des Vektors anzeigen | 4 |
| a.ndim | Zahl der Dimensionen des Vektors ermitteln | 1 |
| a.size | Zahl der Vektor-Elemente ermitteln | 4 |
| a.dtype | Datentyp der Vektor-Elemente ermitteln | dtype(‚int64‘) |
| a.dtype.name | Bezeichnung des Datentyps ermitteln | int64 |
| a.astype (dtype=‘str‘) | Konvertiere ein Array in einen anderen Datentyp | |

### 4.3.5 Veränderung von Arrays

In NumPy stehen verschiedene Methoden zur Veränderung von Arrays bereit, die in der nachfolgenden Tabelle dargestellt sind:

| Transponierung eines Arrays | Beschreibung |
|---|---|
| i = np.transpose(b) | Ändern Sie die Reihenfolge der Dimension des Arrays |
| i.T | Transponieren Sie ein Array |
| **Veränderung der Form eines Arrays** | **Beschreibung** |
| b.ravel() | Reduzieren Sie verschachtelte Arrays in ein linearisiertes, eindimensionales Array, ohne eine Kopie zu erzeugen |
| g.reshape(3, -2) | Ein Array in eine neue Gestalt umwandeln, ohne die darin enthaltenen Daten zu ändern |
| b.flatten() | Reduzieren Sie verschachtelte Arrays in ein linearisiertes, eindimensionales Array, das eine Kopie des Arrays erzeugt |

### 4.3.6 Weitere Basisoperationen

Zur Berechnung von Arrays stellt NumPy weitere Funktionen bereit. Diese sind in der nachfolgenden Tabelle zusammenfasst.

| Basisoperationen für Arrays | Beschreibung |
|---|---|
| g = a- b<br>np.subtract(a,b) | Subtraktion von Vektoren/Matrizen |
| b + a<br>np.add(b,a) | Addition |
| a/b<br>np.divide(a,b) | Division |
| a * b<br>np.multiply(a,b) | Multiplikation |

Schließlich sei auf weitere Funktionen von NumPy aus der linearen Algebra verwiesen. Näheres hierzu finden Sie auf der Dokumentationsseite von NumPy.

## 4.4 Visualisierung von Daten

Zu den wichtigsten Aufgaben in der Datenanalyse gehört mitunter, die Daten visuell zu sehen, Ausreißer darin zu erkennen und darauf aufbauend weitere Beurteilungen zu treffen. Es gibt mitterweile sehr viele Python-Bibliotheken zur Visualisierung, von denen Matplotlib, Seaborn, Altair, Bokeh oder Plotly zu den beliebtesten gehören. In diesem Abschnitt konzentrieren Sie sich auf die Standardbibliothek Matplotlib. Nebenbei werden Sie die Vorzüge der Bibliothek Altair kennenlernen.

### 4.4.1 Matplotlib

Die bereits 2003 eingeführte Bibliothek und daher zur Standardbilbiothek gewordene Matplotlib erlaubt es, mathematische Beziehungen in Diagrammen aller Art darzustellen. Sie bildet eine Grundlage der in der Software MATLAB verfügbaren Plotting-Funktionen in Python, sodass es Anwendern von MATLAB leichtfällt, die Bibliothek zu nutzen. Die Bibliothek lässt sich sowohl in einer Python-Konsole als auch in Python-Programmen integrieren. Grafiken lassen sich als SVG, PNG und PDF ausgeben.

Die Matplotlib-Bibliothek unterstützt viele Diagrammtypen, die für die Datenvisualisierung nützlich sind. Unser Ziel ist es jedoch, das Grundwissen zur Verfügung zu stellen, das Ihnen hilft, die Bibliothek zu verstehen und zur Visualisierung von Daten in den häufigsten Situationen zu nutzen. Als Einstieg wird daher empfohlen, sich nur auf drei Arten von Diagrammen zu konzentrieren: Streudiagramme, Balkendiagramme und Histogramme.

Die Bibliothek und deren Befehle wird nachfolgend anhand eines Beispiels in einem Jupyter Notebook demonstriert. Hierfür müssen Sie zunächst die Bibliothek importieren. Danach lesen Sie nach dem Import der Pandas-Bibliothek einen Beispieldatensatz mit den Spalten für Umsätze und Materialaufwand mit der Pandas-Methode **pd.read_csv()** in ein Dataframe.

**Beispiel**

```
import matplotlib.pyplot as plt

import pandas as pd

df = pd.read_csv('Testdaten.csv', sep=';', decimal=',')
```

Der Datensatz hat folgendes Aussehen:

**Beispiel**

# Verwenden Sie zum Anzeigen der ersten fünf Zeilen des Datensatzes die **head()**-Methode

```
df.head()
```

```
df2.head()
```

| | Umsatz | Materialaufwand |
|---|---|---|
| 0 | 39.53 | 37.77 |
| 1 | 134.36 | 127.31 |
| 2 | 0.13 | 0.12 |
| 3 | 3.86 | 4.34 |
| 4 | 114.97 | 105.62 |

**Abb. 4.4** Darstellung der ersten fünf Zeilen des Beispieldatensatzes[50]

50 Eigene Darstellung; Screenshot: T. Dreixler.

In vielen Fällen der praktischen Prüfungstätigkeit wird von der Annahme ausgegangen, dass Umsätze und Materialaufwand stark korreliert sind. Um diese Hypothese zu bestätigen oder zu validieren, können Sie ein ***Streudiagramm*** erstellen, um den Zusammenhang zwischen den Umsätzen und dem Materialaufwand zu zeigen. Um dieses Streudiagramm zu zeichnen, erzeugt man zunächst eine Zeichenfläche **fig** und konfiguriert deren zwei Achsen. Dies entspricht dem folgenden Code:

**Beispiel**

```
# Erzeugen Sie eine Zeichenfläche mit zwei Achsen und ein Streudiagramm darauf

fig, ax = plt.subplots()

x=df["Umsatz"]

y=df["Materialaufwand"]

ax.scatter(x,y)

plt.show()
```

Das Ergebnis ist:

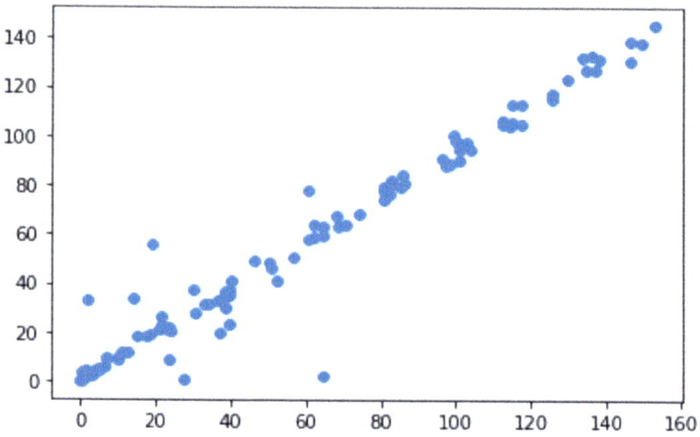


**Abb. 4.5** Visualisierung des Beispieldatensatzes durch ein Streudiagramm[51]

[51] Eigene Darstellung; Screenshot: T. Dreixler.

Die Ausgabe ähnelt einer geraden Linie, was unsere Hypothese bestätigt, dass ein linearer Zusammenhang vorliegt. Wie Sie später im Abschnitt 5.7 über die Simulierung von Going-Concern-Risiken sehen werden, werden Sie sicheinen solchen Zusammenhang zur Simulierung von abhängigen Variablen mit einer Copula zu Nutzen machen.

Die Codes für ein Histogramm und ein Balkendiagramm lauten:

**Beispiel**

```
# Code für ein Histogramm
fig, ax = plt.subplots(figsize =(10,5))
ax.hist(x, bins = 10)
plt.show()
# Code für ein Balkendiagramm
# x-Achse entspricht den Index-Werten im Dataframe
x2 = df["Umsatz"].index
ax.bar(x2, y)
plt.show()
```

Es gibt eine Reihe weiterer Basisfunktionen in Matplotlib, die zusätzlich zum o.g. Code aufgerufen werden können, um das Diagramm anschaulicher zu machen. Die folgende Tabelle listet einige allgemeine Eigenschaften von 2D-Diagrammen auf:

| Funktion | Beschreibung | Beispiel |
|---|---|---|
| plt.title() | Fügen Sie Ihrem Diagramm eine Überschrift hinzu. | plt.title(Korrelation‘) |
| plt.xlabel() | Fügen Sie der X-Achse eine Beschriftung hinzu. | plt.xlabel(‚Umsatzerlöse‘) |
| plt.ylabel() | Fügen Sie der Y-Achse eine Beschriftung hinzu. | plt.ylabel(‘Materialaufwand‘) |
| plt.hist(x,params) | Veranschaulichen Sie die Verteilung einer Variable mit einem Histogramm. | plt.hist(x, bins=10) |

| Funktion | Beschreibung | Beispiel |
|---|---|---|
| plt.bar(x, y, params)/<br>plt.barh(x,y, params) | Veranschaulichen Sie die Verteilung mit einem Säulendiagramm. Mit plot.barh() zeichnen Sie ein horizontales Säulendiagramm. | plt.bar(x, y, color ='red', width = 0.4) |
| plt.boxplot(x, params) | Zeichnen Sie ein Boxplot-Diagramm. | plt.boxplot(x) |
| plt.figure() | Verwenden Sie die Funktion plt.figure(), um die Größe der Darstellung festzulegen. | fig = plt.figure()<br>ax = fig.add_axes([0,0,1,1]) |
| sns.set_style(‚theme') | Verwenden Sie Stylesheets von seaborn[52], um Diagramme farblich zu gestalten. Hierfür importieren Sie die entsprechende Bibliothek. | import seaborn as sns<br>sns.set_style(‚darkgrid') |

**Praxistipp:**
Um den Einstieg in die Bibliothek zu erleichtern, stehen verschiedene Spickzettel (Cheatsheets) unter https://matplotlib.org/cheatsheets/ bereit. Beachten Sie, dass Matplotlib mittlerweile als Backend auch direkt in Pandas integriert wurde. Mit der Pandas-Methode **plot()** können Sie daher auch innerhalb von Pandas auf Matplotlib direkt zugreifen und damit ein Dataframe plotten.[53]

Standardmäßig gelten alle Plot-Befehle für die aktuelle Figur und Achsen. Für ein Diagramm sind daher stets mehrere Aufrufe einer Matplotlib-Funktion erforderlich, bevor Sie die Daten zeichnen können: Erstens müssen Sie definieren, welche Figur Sie zeichnen wollen. Danach müssen Sie Titel und Achsenbeschriftungen definieren. Dies ist mitunter aufwendig und verlangt bei Matplotlib entsprechend viel Code-Aufwand.

### 4.4.2 Altair

Eine weitere Bibliothek ist Altair. Ihr Schwerpunkt liegt auf der einfachen Darstellung von Daten, insbesondere auf Basis von Pandas. Anders als bei Matplotlib gibt es hier einen vereinfachten Syntax und vorgefertigte Standard-Themes.

52 https://seaborn.pydata.org/index.html
53 Vgl. hierzu https://pandas.pydata.org/docs/reference/api/pandas.DataFrame.plot.html

In Altair erzeugt man mit ein paar Zeilen Code schicke Diagramme zu den Datensätzen, die mit Pandas aufbereitet wurden. Altair basiert auf dem Javascript Framework Vega, sodass man keine Mühe hat, auch interaktive Grafiken einzubinden. Es bietet einen kürzeren und logischeren Syntax als Matplotlib an. Man kann Altair im Jupyter Notebook schreiben und dort zur Geltung bringen. Daneben wird es auch von verschiedenen Open-Source-Frameworks wie Streamlit unterstützt (hierzu im Abschnitt 4.5 mehr).

Die Bibliothek installieren Sie über den folgenden Befehl:

**Beispiel**

```
pip install vega Altair
```

Und über den folgenden Befehl laden Sie die Bibliothek in die Python-Laufzeitumgebung.

**Beispiel**

```
import altair as alt
```

Um den Syntax zu verstehen, ziehen Sie den Beispieldatensatz von Umsätzen und Materialaufwand heran, den Sie zuvor in Abschnitt 4.4.1 als CSV-Datei in eine Jupyter-Notebook-Umgebung gelesen haben. Damit stehen die Daten nun zur Visualisierung in Altair bereit. Mit der Methode **alt.Chart()** übergeben Sie das Dataframe an Altair.

Die Methode bringt das Objekt **mark_bar()** mit, um ein Balkendiagramm zu zeichnen. Weitere Diagrammarten stehen mit den Methoden **mark_point()** und **mark_line()** als Punkt- und Liniendiagramm zur Verfügung. Welche Spalten zu welchen Achsen des Diagramms gehören, bestimmt dann die Methode **encode()**, der man die Spalten als Parameter mitgibt. Daraus ergibt sich folgende Code-Zeile:

**Beispiel**

```
alt.Chart(df).mark_point().encode(   x='Umsatz',   y='materialaufwand')
```

Dies ergibt ohne weiteres Zutun im Vergleich zur Matplotlib-Bibliothek eine bessere Visualisierung:

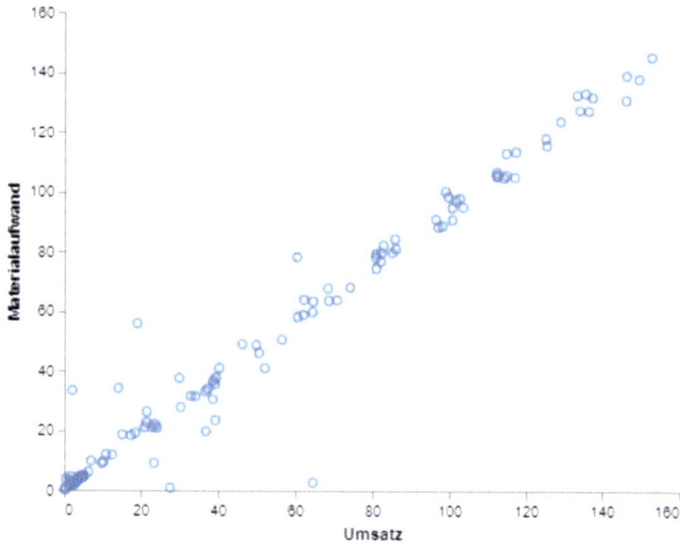


**Abb. 4.6** Streudiagramm für Umsatzerlöse und Materialaufwand[54]

Den Spalten kann man auch die Datenkategorie mitgeben. In dem o.g. Beispiel können Sie der Spalte „Materialaufwand" auf der Y-Achse noch die Datenkategorie „Q" für quantitative Daten mitgeben; ebenso wie für die X-Achse „Umsätze". Der Syntax ":O" und ":Q" nach jeder Spalte sagt Altair, dass die Daten einmal ordinal zu verstehen sind, d.h. Daten mit einer begrenzten Anzahl von eindeutigen Werten oder Kategorien, wie z.B. Geschlecht oder Religion enthalten und einmal quantitative Daten enthalten, d.h. Nominalwerte vorliegen.

**Beispiel**

```
alt.Chart(df).mark_point().encode(x = "Umsatz:Q",y = "Materialauf-
wand:Q").properties(

   width=300,height=200)
```

[54] Eigene Darstellung; Screenshot: T. Dreixler.

Eine Achsenbeschriftung erfolgt durch Ergänzung mit der Eigenschaft **title()**. Schließlich lässt sich die Farbauswertung des Diagramms über die Eigenschaft **color** und die Größe über die Eigenschaft **properties(with, length)** mit den Parametern *with* für Breite und *length* für Länge des Diagramms festlegen. Die Farbe und Größe der Punkte können Sie mit einer lokalen Einstellung über die Eigenschaft **configure_points()** definieren.

**Beispiel**

alt.Chart(df).mark_point().encode(x = "umsatz:Q",y="materialaufwand:Q").properties(title="Korrelation", width=300,height=200).
.configure_point(size=200,color='red')

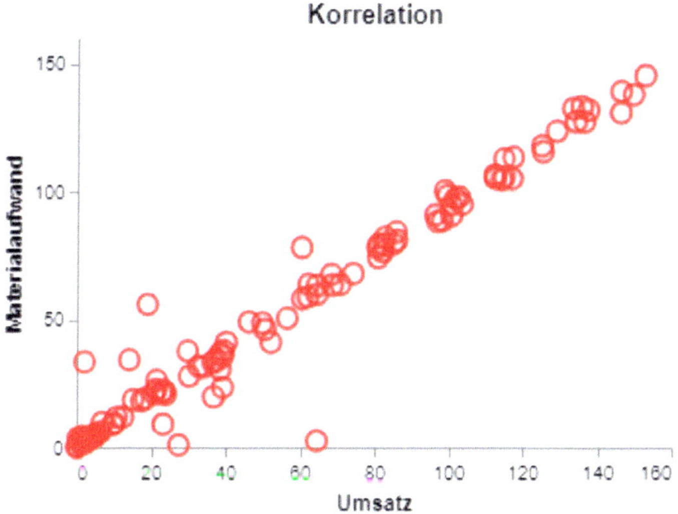


**Abb. 4.7** Streudiagramm mit Titel, Achsenbeschriftungen und Größenanpassungen[55]

Um mehr Details unserer X- und Y-Achsen anzugeben, könen die Funktionen **alt.X()** und **alt.Y()** genutzt werden, welche die Standardeinstellung überschreiben. In diesem Fall können Sie auch mit dem **title()**-Schlüsselwort eine individuelle Beschriftung den einzelnen Achsen mitgeben.

[55] Eigene Darstellung; Screenshot: T. Dreixler

**Beispiel**

```
alt.Chart(df).mark_point().encode(
    x = alt.X("Umsatz:Q", title="Umsätze 2022"),
     y = alt.Y("Materialaufwand:Q", title="Materialaufwand 2022")).
properties(width=300, height=200)
```

Wer zwei Kurven in einem Diagramm sehen möchte, der braucht nur die zuvor konfigurierten Chart-Objekte zu addieren. Hierfür definieren Sie ein zweites Diagramm als Liniendiagramm mit folgenden Daten:

**Beispiel**

```
x=[20, 40, 30, 40, 50, 80, 120]
y=[40, 50, 78, 85, 99, 101, 135]
df2 = pd.DataFrame({'X':x, 'Y':y})
```

Die Visualisierung dieses Diagramms mit der Variablen-Bezeichnung „second“ erfolgt in Altair wie folgt:

**Beispiel**

```
second=alt.Chart(df2).mark_line().encode(
    x = alt.X("X:Q", title="Umsätze 2022"),
      y = alt.Y("Y:Q", title="Materialaufwand 2022")).properties(-
width=300, height=200)
```

Das erste Diagramm von zuvor definieren Sie als erstes Diagramm, in dem Sie diesem die Variable „first“ zuweisen:

**Beispiel**

```
first=alt.Chart(df).mark_point().encode(
    x = alt.X("Umsatz:Q", title="Umsätze 2022"),
     y = alt.Y("Materialaufwand:Q", title="Materialaufwand 2022")).
properties(width=300, height=200)
```

Danach rufen Sie beide Diagramme mit dem Befehl „first + second“ im Jupyter Notebook auf, was Folgendes ergibt:

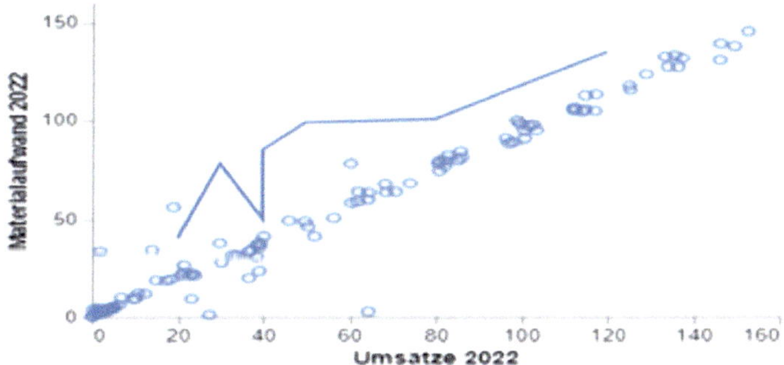


**Abb. 4.8** Kombination zweier Diagramme in einem Diagramm[56]

Die Erstellung von Diagrammen mit mehreren Unterdiagrammen ist einfach mit der Eingabe von „first | second“ möglich. Der Operator „|“ sagt Altair, dass es ein Diagramm mit zwei Unterdiagrammen erstellen soll. Diese werden nebeneinander dargestellt. Für ein vertikal gestapeltes Diagramm mit mehreren Unterdiagrammen können Sie den Operator „&“ verwenden.

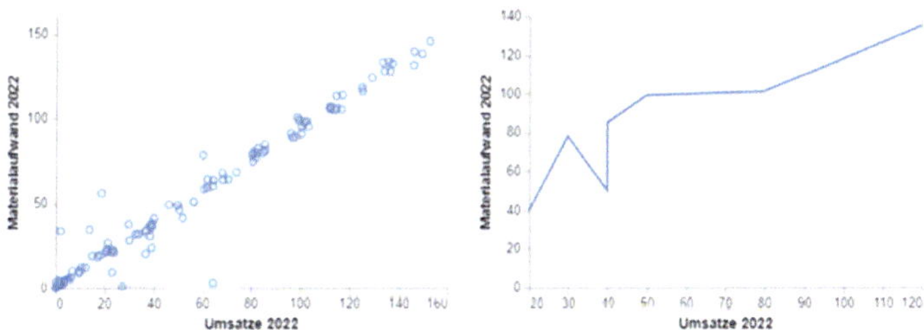


**Abb. 4.9** Darstellung zweier Diagramme nebeneinander

[56] Eigene Darstellung; Screenshot: T. Dreixler.

**Hinweis:**

Altair versucht, die Achsen beider Diagramme im selben Wertebereich anzuzeigen. Um dies zu unterdrücken, z.B., wenn beide Wertebereiche nicht übereinstimmen, ist dem Befehl noch die Eigenschaft **resolve_scale(y ='independent')** mitzugeben.

Ein interaktives Diagramm erstellt man mit dem der Eigenschaft **interactive**(bind_x=True, bind_y=false). Die beiden Parameter *bind_x* und *bind_y* legen fest, ob sich die Skalierung der X-, Y-Achse beim Scrolllen ändert.

Zu den Möglichkeiten der Visualisierung sei im Übrigen auf die Dokumentation von Altair verwiesen.[57]

## 4.5 Produktiver coden mit Streamlit

Der einsteigerfreundliche Syntax von Python wurde zuvor bereits dargestellt. Allerdings ist die Programmierung nach wie vor schwerfällig. Dies versucht Streamlit zu lösen. Streamlit ist ein Python-basiertes Open-Source-Framework, mit dem man schnell und einfach Web-Apps erstellen kann. Im Unterschied zu anderen Web-Frameworks werden keine Frontend-Kenntnisse verlangt.[58] Der Herausgeber der Bibliothek, die Firma Streamlit Inc., wurde im Jahr 2021 für rd. 0,8 Mrd. USD von Snowflake übernommen. Das Start-up war zu diesem Zeitpunkt gut drei Jahre alt und hatte gerade die Version 1.0 seiner Bibliothek releast.[59] Jüngst wurde die Version 1.19.0 releast, das u.a. mit einem editierbaren Dataframe im Browser aufwartet.[60]

---

57 Vgl. https://altair-viz.github.io/

58 Neben Streamlit können noch andere Frameworks, z.B. Dash oder Django genannt werden.

59 Vgl. https://blog.streamlit.io/snowflake-to-acquire-streamlit/

60 Vgl. https://docs.streamlit.io/library/changelog

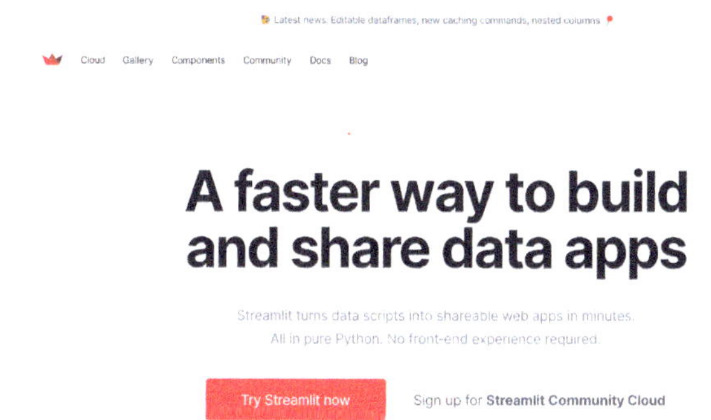


**Abb. 4.10** Offizielle Webseite des Open-Source-Framework Streamlit[61]

### 4.5.1 Vorteile von Streamlit

Wer von Web-Apps spricht, denkt gleich, dass Programmierkenntnisse eines Frontends (html und css) und eines Backends benötigt werden. Dies ist aber bei Streamlit genau nicht der Fall. Benötigt wird lediglich Python. Dies reicht aus, um einsatzfähige und interaktive Anwendung im Browser zu erstellen. Streamlit hält selbst diverse Elemente für die GUI bereit, über die Daten vom Anwender eingegeben werden können, die mit Python als Backend kommunizieren und damit das Ergebnis an die GUI zurückliefern. Streamlit aktualisiert somit die Webseiten-Anwendung automatisch, wenn es eine Änderung in der Oberfläche gibt. Es erfordert daher keinerlei Kenntnisse in der Webseiten-Entwicklung. Streamlit kann verwendet werden, um ein interaktives und schönes Dashboard zu erstellen. Sie müssen nur verstehen, wie man die gegebenen Daten mit Python lädt, untersucht, visualisiert und mit ihnen interagiert. Dass dies auch mit sehr wenig Python-Code auskommt, ist ein weiterer Vorteil von Streamlit, was es damit mittlerweile sehr beliebt macht. Insoweit ist Streamlit auch als **Low-Code-Framework** zu bezeichnen. Streamlit eignet sich besonders für die schnelle Umsetzung von Datenprodukten (**Data Apps**). Dabei wird ein Datenprodukt als Anwendung verstanden, die gezielt Daten standardisiert verarbeitet, aufbereitet und als Ergebnisse visualisiert. Die resultierenden Apps erlauben die Standardisierung von Tätigkeiten in Bezug auf Daten der Prüfung und deren Wiederholung, was damit hohe Effizienz verspricht. Damit

[61] Vgl. https://streamlit.io; eigene Darstellung; Screenshot: T. Dreixler.

lassen sich schnell Tools für die Prüfung entwickeln, die aufgrund der leichten Verständlichkeit der Frontend-Elemente intuitiv bedienbar sind. Anwender sind regelmäßig über die Einfachheit der Bedienung überrascht, wenn solche Apps erstmals in der Praxis getestet werden. Auch die Schnelligkeit, mit der eine neue Version einer Beispielanwendung entsteht, verblüfft, sodass sich damit Prototypen als sog. **Minimum Viable Products (kurz: MVP)** agil entwickeln lassen.

### 4.5.2 Mehr als reine Dashboard-Funktion

Streamlit ist eine einfache und schnelle Technik zur Visualisierung von Daten und zur Erstellung eines interaktiven Dashboards in Python. Die Web-Anwendung kann ohne die Verwendung eines externen Webservers ausgeführt werden, da ein eigener Server vorhanden ist. Würden sich Nutzer nur Visualisierungsfunktionen wünschen, könnten Sie neben Excel auch auf herkömmliche Tools, wie Tableau, Google Data Studio oder MS Power BI, setzen. Leicht wird dabei übersehen, dass Anwender eine Vielzahl vorhandener Funktionen im Vordergrund der Oberfläche sichtbar haben, die nicht zwingend benötigt werden und damit die Anwendung mit nicht genutzten Funktionen überfrachtet wird. Die Folge ist, der Anwender verliert sich darin, die passende Funktion zu finden. Die Gründer von Streamlit haben dies schnell erkannt und mit Streamlit ein Framework geschaffen, das Python „in den Browser bringt" und gleichzeitig komplexe Datenverarbeitungen im Hintergrund ablaufen lässt, ohne dass der Anwender dies merkt. Am Anfang mit einer überschaubaren Anzahl an GUI-Elementen gestartet, um Daten, Texte und Medien zu visualisieren, ist Streamlit mittlerweile in der Lage, auch mächtigere und differenzierende Oberflächen für den passenden Use Case zu präsentieren. Nebenbei unterstützt Streamlit viele visuelle Bibliotheken, wenn Sie interaktive Dashboards erstellen möchten, z.B. Altair, Plotly und Bokeh. Sie können das Dashboard mit einem Balken-, Linien- oder Tortendiagramm auswerten, was es einfach und interaktiv macht.

Für den ersten Build mit Streamlit braucht es hierfür nicht viel: Als Python-basiertes Framwork wird lediglich Python 3.x vorausgesetzt. Anschließend wird die Bibliothek lokal installiert – natürlich am besten im Rahmen einer virtuellen Umgebung. Auch der Umgebungsmanager Anaconda hat Streamlit in seine Paketauswahl aufgenommen und kann darüber installiert werden.

### 4.5.3 Installation

Für die Nutzung des Frameworks führen Sie den folgenden Befehl aus, der die nötigen Pakete installiert.

**Beispiel**

```
pip install streamlit
```

Erstellen Sie eine MyStreamlit.py-Datei mit den folgenden Zeilen als Inhalt:

**Beispiel**

```
import streamlit as st

def main():

    # Schreibe Hallo Welt

    st.write("Hallo Welt")

if __name__ == "__main__":

    main()
```

Den lokalen Host (Localhost) der Web-Anwendung, der in der Datei mit der Bezeichnung MyStreamlit.py entwickelt wurde, starten Sie mit dem folgenden Befehl:

**Beispiel**

```
streamlit run MyStreamlit.py
```

Unmittelbar danach wird die lokale URL zum Aufruf im Browser – in der Regel http://localhost:8051 bzw. http://127.0.0.1:8051 – angezeigt und steht im Browser zur Verfügung. Beachten Sie, dass es sich dabei um die Adresse einschließlich Port-Nummer des lokalen Rechners (engl. „**Local host**") handelt und nicht um eine öffentliche, aufrufbare Webseite.

Streamlit-Anwendungen bemerken jede Code-Änderung in der Datei „MyStreamlit.py“ unmittelbar und blenden eine Aufforderung zum neuen Start der Anwendung entsprechend ein und lassen diese unmittelbar sichtbar werden. Bei vorhandenem Fehler im Code erfolgt eine sofortige Darstellung der „Exception“ als rote Fehlermeldung im Browser. Der Anwender wird so aufgefordert, diesen zu korrigieren und danach die Fehlerkorrektur über die Rerun-Taste, die sich im „Burger-Menü“ des oberen rechten Bereich der GUI befindet, direkt zu testen (siehe Abb. 4.10).

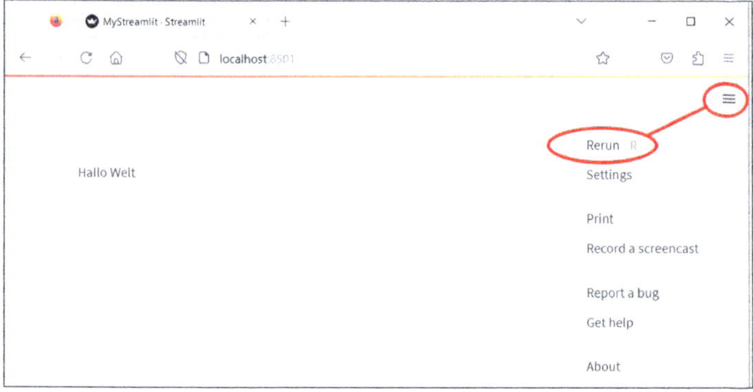


**Abb. 4.11** Einfache Streamlit-Anwendung im Browser[62]

### 4.5.4 Code-Beispiele

Die Überführung von Python-Code aus einem Jupyter Notebook in eine interaktive und intuitive Web-Oberfäche ist die besondere Stärke von Streamlit. Anwendungen in der Prüferpraxis sind dabei keine Grenzen gesetzt. Dabei können Anwendungen verschiedener Art gebaut werden. Die Oberfläche einer Streamlit-Applikation ist mit Standardelementen designt und farblich in einer unverwechselbaren Farbe rosa gekennzeichnet. Damit weist eine solche Applikation im einfachsten Fall einen Titel, ein Hauptfenster, eine Seitenleiste auf der linken Seite und ein Burger-Menü mit weiteren Funktionen auf der rechten Seite auf. Das Framework stellt mehrere Elemente zur Darstellung von Überschriften, Titel und Markierungen zur Verfügung. Eine Darstellung und Erklä-

[62] Eigene Darstellung; Screenshot: T. Dreixler.

rung von in der Praxis häufig benutzten „Streamlit-GUI-Elementen" zum Texte anzeigen, Visualisieren mit Diagrammen und zum Designen der Oberfläche enthält der **Anhang A.** [63]

Um die Fähigkeiten des Frameworks zu skizzieren, empfiehlt sich am besten, eine Anwendung selbst zu gestalten, um das große Nutzungspotenzial von Streamlit selbst zu erkennen. Dies soll Gegenstand des nachfolgenden **Kapitels 5** sein, wo es für die Umsetung der praktischen Anwendungsfälle zum Einsatz kommt.

**Praxistipp:**
Sobald Sie Ihre App erstellt haben, möchten Sie diese vielleicht anderen Personen zur Verfügung stellen. Hierfür kommen mehrere Optionen in Betracht:

- Streamlit ermöglicht es Benutzern, ihre Apps auf der Streamlit-Plattform selbst zu hosten.
- Alternativ können herkömmliche Cloud-Plattformen, wie AWS, Google Cloud Platform, Microsoft Azure und Heroku, zum Hosten genutzt werden.[64]
- Und natürlich können Sie einfach Ihren eigenen lokalen Server mit Streamlit betreiben!

[63] Für die Erläuterung der einzelnen Elemente wird auf die Dokumentation unter https://docs.streamlit.io/library/api-reference verwiesen.

[64] Zu einem Beispiel mit Heroku vgl. Abschnitt 6.2.

# 5 Projekte für die Praxis

## 5.1 Auszahlungsprofile von Finanzinstrumenten

In der Finanzanalyse von Finanzderivaten möchte man oft Ergebnisse aus Berechnungen oder Simulationen visualisieren, um eine erste Vorstellung des Risikoprofils zu erhalten. Auszahlungsprofile haben sich insoweit in der Praxis fest etabliert. Ein Auszahlungsprofil (engl. Pay-off profile) eines Derivats ist eine grafische Darstellung der zu leistenden Zahlungen am Verfallstag (Fixing). Die Darstellung von Gewinn und Verlust erfolgt dabei in Abhängigkeit vom Preis des Basiswertes. In einem ersten Beispiel soll das Auszahlungsprofil für ein komplexes Derivat zur Fremdwährungsabsicherung berechnet und dargestellt werden. Es soll sich um das OTC-Derivat Knock-in Target Forward (kurz: Target Forward) handeln, das in der Praxis häufig zur Optimierung oder Absicherung von Wechselkursänderungsrisiken eingesetzt wird.

### 5.1.1 Basisdaten eines Finanzinstruments zur Währungsabsicherung

Mit Berechnung eines Auszahlungsprofils eines Derivats im Zeitablauf lässt sich der Wert des Derivats abschätzen. Dies erlaubt, aussagekräftige Schlussfolgerungen über die Beurteilung der wirtschaftlichen Beziehung zu ziehen, insbesondere das Verhalten der Änderungen des beizulegenden Zeitwerts sowohl des Grundgeschäfts als auch des Sicherungsinstruments unter einer sehr großen Anzahl von Szenarien des abgesicherten Grundrisikos zu testen. Bei strukturierten Produkten kann bei der Anwendung der Methode der Szenarioanalyse ein potenzielles Szenario übersehen werden, das erhebliche Auswirkungen auf die Auszahlung des Derivats hat. Bei einem Finanzinstrument, wie dem Target Forward, bestehen allerdings mitunter sehr viele Bedingungen, sodass es einem Anwender schwerfallen kann, das Auszahlungsprofil für die einzelnen Währungskursentwicklungen abzuschätzen, wie die verfügbaren Basisinformationen zu diesem Derivat verdeutlichen:

**Beispiel**

**Knock-in Target Forward** (Auszug aus den Basisinformationen[65]):

Die Höhe der an den Fälligkeitstagen bzw. insgesamt getauschten Nominalbeträgen hängt dabei insbesondere von der Entwicklung eines vereinbarten Wechselkurspaares (des Basiswerts) ab [...]. Bei Geschäftsabschluss werden insbesondere der fest vereinbarte Umtauschkurs ("Target-Kurs"), der maximale Kursvorteil ("Target"), die definierte Barriere ("Knock-in-Barriere"), das Wechselkurspaar, der Referenzkurs für das Wechselkurspaar ("Referenzkurs"), die Höhe des für Sie relevanten Hebels, der Nominalbetrag, die Laufzeit sowie die Feststellungs- und Fälligkeitstage zwischen den Parteien vereinbart. Ob und in welcher Höhe ein Währungstausch stattfindet und ein Kursvor- oder -nachteil für Sie eintritt, ermittelt sich wie folgt:

1. Notiert der Referenzkurs an einem Feststellungstag auf bzw. unter dem vereinbarten Target-Kurs, wird der Nominalbetrag zum Target-Kurs getauscht. Voraussetzung dafür ist, dass ein bei Geschäftsabschluss durch das Target definierter maximaler Kursvorteil noch nicht erreicht wurde.
2. Das Produkt endet vorzeitig, sobald die Summe der Differenzwerte, die an den Feststellungstagen berechnet werden („Target-Summe"), an einem Feststellungstag das Target erreicht oder überschreitet. Der Differenzwert an einem Feststellungstag entspricht entweder (i), falls der Referenzkurs an diesem Feststellungstag auf bzw. unter dem Target-Kurs notiert, der Differenz aus dem Target-Kurs und dem Referenzkurs an diesem Feststellungstag oder (ii), falls der Referenzkurs an diesem Feststellungstag über dem Target-Kurs notiert, null. Für den Feststellungstag, an dem die Target-Summe das Target erreicht oder überschreitet („abschließender Feststellungstag"), findet kein Währungstausch mehr statt. In diesem Fall erhalten Sie eine Ausgleichszahlung in der vereinbarten Währung, die es Ihnen ermöglicht, die Target-Summe voll auszuschöpfen. Die Ausgleichszahlung errechnet sich aus dem Nominalbetrag multipliziert mit dem verbleibenden Target, geteilt durch den Target-Kurs.

65 Zur Rechtsgrundlage s. https://www.bafin.de/SharedDocs/Veroeffentlichungen/DE/Fachartikel/2017/fa_bj_1705_Basisinformationsblatt.html

3. Notiert der Referenzkurs an einem Feststellungstag über der vereinbarten Knock-in-Barriere, tauschen Sie am jeweiligen Fälligkeitstag ein Vielfaches vom Nominalbetrag („gehebelter Betrag“), sofern das Produkt nicht bereits durch Erreichen des Targets vorzeitig beendet wurde. Der gehebelte Betrag ergibt sich aus einer Multiplikation des Nominalbetrags mit dem vereinbarten Hebel. Das heißt in diesem Fall, dass für einen gehebelten Betrag ein ungünstigeres Umtauschergebnis erzielt wird, als es zum aktuellen Kassakurs am Feststellungstag möglich wäre. Im schlimmsten Fall müssen Sie an allen vereinbarten Fälligkeitstagen den gehebelten Betrag tauschen („Worst-Case-Betrag“).
4. Notiert der Referenzkurs an einem Feststellungstag über dem Target-Kurs und gleichzeitig auf bzw. unter der Knock-in-Barriere, wird am entsprechenden Fälligkeitstag kein Währungstausch vorgenommen

Das Beispiel zeigt, dass die Berechnung des Auszahlungsprofils und damit dessen mathematische Formulierung aufgrund der Vielzahl an Bedingung und Parameter komplex ist.

### 5.1.2 Komplexitätsreduktion mit Python

Bei einem solchem Instrument kann Python insoweit Abhilfe schaffen, als die Formulierung aller Bedingungen anhand der Basisinformationen mithilfe von if-else-Bedinungen verständlich gemacht wird. Überdies kann nach deren Ausformulierung das Auszahlungsprofil gut berechnet und visualisiert werden. Die Formulierung des Auszahlungsprofils mit Python gelingt beispielhaft mit folgender Funktion **Coba()** mit dem Parameter ***ex*** als Wechselkurs:

**Beispiel**

```
# Pay-off ohne Vorteilsbetrachtung, Pay-off in EUR, ohne Berücksichtigung Knock-out-Bedingung

# Bezugsbetrag 215 TUSD; Hebel 2;

# Targetkurs 1 = 1.10; Targetkurs 2 = 1.16;

def Coba(ex):

    if ex <1.05: # Szenario 1
```

```
        payoff = 215000.00/1.10*2
        return payoff
    elif ex>=1.05 and ex <1.1000: # Szenario 2
        payoff = 215000*2/ex
        return payoff
    elif ex > 1.1000 and ex<= 1.1300: # Szenario 3
        payoff = 215000/1.10+215000/ex
        return payoff
    elif ex > 1.13 and ex<= 1.16: # Szenario 4
        payoff = 215000/1.16+215000/ex
        return payoff
    elif ex > 1.16 and ex <=1.2050: # Szenario 5
        payoff = 215000*2/ex
        return payoff
    else: # Szenario 6
        payoff= 215000*2/1.16
        return payoff
```

Das Beispiel verdeutlich zudem die Anwendung einer Ablaufsteuerung, die im Abschnitt 3.4 dargestellt wurde. Nun zur Frage: Welcher Pay-off würde sich bei einem Wechselkurs von 0,98 USD je 1 EUR einstellen? Die Antworten erhalten Sie, in dem Sie die Auszahlungsfunktion an dieser Stelle einfach anwenden. Setzen wir hierfür den Wechselkurs in die vorgenannte Funktion ein, wasfolgendes Ergebnis ergibt:

**Beispiel**

```
# Beispiel mit einem Wechselkurs von 0.98 USD je 1 EUR
ex=0.98
Coba(ex)
>>>390909.0909090909
```

Sofern Sie den Payoff für eine große Menge von Wechselkursen gleichzeitig berechnen möchten, brauchen Sie nur ein Array für einen Wechselkursbereich definieren und dieses in die Funktion Coba() einsetzen. Definieren Sie zunächst ein solches Array. Dies gelingt mit NumPy wie folgt:

**Beispiel**

```
import numpy as np

s=np.arange(10,50,10)

s

>>> array([10, 20, 30, 40]) # Ergebnis
```

**Hinweis:**

```
# Alternativ gelingt dies auch mit einem linearen Raum wie folgt:

b= np.linspace(10,40,4)

b

>>> array([10, 20, 30, 40]) # Ergebnis
```

Danach kann dieses Array in die Auszahlungsfunktion **Coba()** wie folgt eingesetzt werden, um für diesen großen Raum von Wechselkursen die Auszahlungsreihe zu berechnen:

**Beispiel**

```
b = np.linspace(0.87,1.20,360)

np.array(list(map(Coba, b)))
```

**Hinweis:**

Besonders schnell nach Stackoverflow ist:[66]

```
vf = np.vectorize(Coba)

vf(b)
```

[66] https://stackoverflow.com/questions/35215161/most-efficient-way-to-map-function-over-numpy-array

### 5.1.3 Visualisierung

Um eine grafische Präsentation zu erstellen, kann hier die Standardbibliothek Matplotlib verwendet werden, die bereits im Abschnitt 4.4.1 vorgestellt wurdeStarten Sie mit dem Setup einer entsprechenden Zeichenfläche, welche eine X- und Y-Achse beinhaltet. Dies gelingt mit dem folgenden Code:

**Beispiel**

```
import matplotlib.pyplot as plt

plt.plot(b, y)

plt.title("Payoff profile for Target Knock in Forward")

plt.xlabel("Exchange rate")

plt.ylabel("Payoff of the Derivative")

plt.show()
```

Im Jupyter Notebook wird dann folgende Visualisierung ausgegeben:

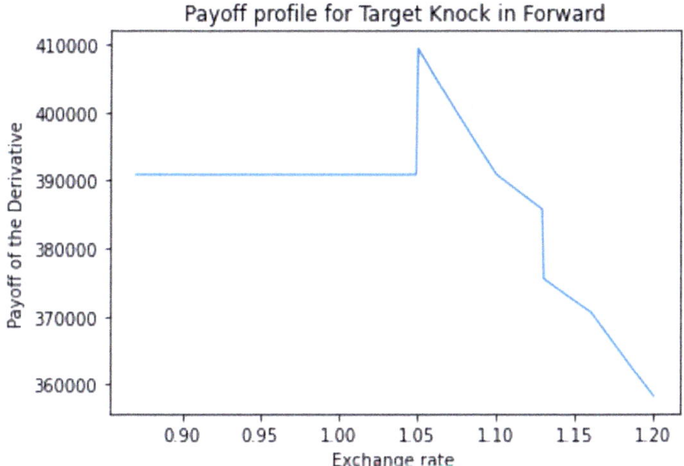


**Abb. 5.1** Auszahlungsprofil für das strukturierte Derivat in Abhängigkeit vom Wechselkurs[67]

[67] Eigene Darstellung; Screenshot: T. Dreixler.

Die Abbildung 5.1 illustriert das Auszahlungsprofil für das Derivat für die o.g. Bedingungen in Abhängigkeit des jeweiligen Wechselkurses. Das erste Code-Beispiel verdeutlicht damit auch, dass sich mit Python komplexe Berechnungen unter Einsatz von Wenn-dann-Bedingungen leicht und verständlich erfassen lassen. Weitere Ergänzungen des Beispiels sind dabei denkbar: Das vorgenannte Auszahlungsprofil lässt sich so mit dem Auszahlungsprofil eines anderen Derivats vergleichen, um daraus einen Vorteilhaftigkeit für bestimmte Wechselkursbereiche abzuleiten. Als Einstieg soll es aber an dieser Stelle genug sein.

## 5.2 Gängigkeitsanalysen

In IT-gestützten Lagerhaltungssystemen lassen sich einzelne Gruppen von Vermögensgegenständen (VG) des Vorratsvermögens identifizieren, die selten benötigt werden oder von denen Überbestände vorhanden sind und die dementsprechend längere Zeit im Lager verbleiben. Gemäß dem in § 253 Abs. 4 HGB enthaltenem strengen Niederstwertprinzip sind in diesem Fall solche VG des Umlaufvermögens mit dem niedrigeren Börsen- oder Marktpreis, in Ermangelung eines solchen mit dem niedrigeren beizulegenden Wert anzusetzen. Das Ziel dieses Prinzips ist es, die vorhandenen Bestände nach dem Imparitätsprinzip möglichst vorsichtig zu bewerten. Die Praxis nimmt daher Wertabschläge bei der Bewertung des Vorratsvermögens vor. Durch diese Abschläge soll dem Umstand Rechnung getragen werden, dass diese nur selten benötigt werden und deshalb auf eine eingeschränkte Verwendbarkeit hindeuten. Wie dies mit Python-Framework Streamlit realisiert werden kann, soll nachstehend erläutert werden.

### 5.2.1 Einführung

Um die Inventurbewertung eines Vorratsgutes nach dem Niederstwertprinzip durchzuführen, werden verschiedene Inventurpreise gebildet. Diese bilden die Basis zur Wertberichtigung für die Bilanzbewertung. In der Praxis existieren hierfür verschiedene Verfahren zur Wertermittlung:[68]

[68] Für eine Darstellung im SAP System siehe https://help.sap.com/docs/SAP_S4HANA_ON-PREMISE/af9ef57f504840d2b81be8667206d485/5c5fb6531de6b64ce10000000a174cb4.html?version=2020.000&locale=de-DE

- Niederstwertprinzip nach Marktpreisen (Beschaffungsseite),
- Niederstwertprinzip nach Reichweite (Absatzseite),
- Niederstwertprinzip nach Gängigkeit (Absatz- oder Beschaffungsseite),
- verlustfrei Bewertung (Absatzseite).

Diese sind miteinander zu verknüpfen (doppelte Maßgeblichkeit). So kann beispielsweise zunächst ein Test mit einer Wertermittlung nach Marktpreisen erfolgen und das Ergebnis dann auf Grundlage eines Niederstwerttests nach Gängigkeit abgewertet werden.[69]

**Beispiel**

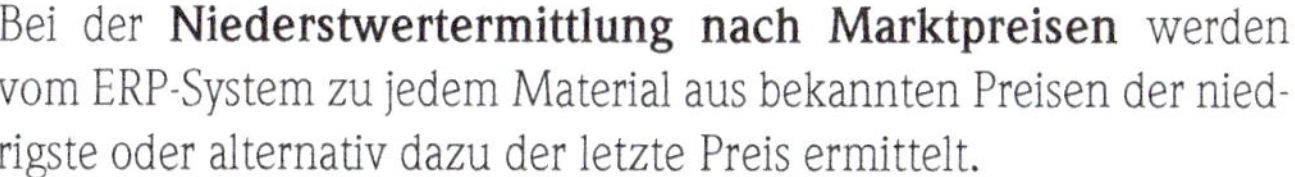

Bei der **Niederstwertermittlung nach Marktpreisen** werden vom ERP-System zu jedem Material aus bekannten Preisen der niedrigste oder alternativ dazu der letzte Preis ermittelt.

Bei der **Niederstwertermittlung nach Reichweite** untersucht das ERP-System, ob der Preis eines Materials aufgrund großer Reichweite abgewertet werden kann. Die Reichweite berechnet sich als mittlerer Bestand geteilt durch den mittleren Verbrauch in der Periode.

Bei der **Niederstwertermittlung nach Gängigkeit** untersucht das ERP-System, ob ein Material aufgrund von Ungängigkeit abgewertet werden sollte. Die Gängigkeit eines Materials wird anhand der Zugänge und Abgänge des Materials und des mittleren Materialbestands abgeleitet.

Wenngleich die Reichweite für sich allein nicht den Schluss zulässt, dass die gelagerten Teile allein deswegen nicht mehr verkäuflich sind, ist diese jedoch ein starkes Indiz und sollte näher untersucht werden. Nachfolgend soll daher ein Programm geschrieben werden, dass die Reichweite eines Materials ausgehend von einem in der Praxis geläufigen Datenmodell für Vorräte berechnet und darauf aufbauend die Abschläge mit einem vorgegebenen Reichweitenmodell des Mandanten berechnet und vergleicht.

69 Zu den verschiedenen Verfahren in der Praxis siehe auch Schubert/Berberich in Beck'scher Bilanzkommentar, 13. Auflage 2022, § 253 HGB Rn. 529 ff.

### 5.2.2 Grundstruktur eines Programms

Für das Programm benötigen Sie folgende Grundstruktur, die Sie in eine Textdatei mit dem Namen „app.py“ einfügen:

**Beispiel**

```
def main():

# Weitere Programmausführungen

if __name__ == "__main__":

    main()
```

Die Funktion, die Sie definieren und später über die Kommandozeile aufrufen werden, heißt „def main():“ Innerhalb der Funktion wird der Python-Code geschrieben.

### 5.2.3 Import der Bibliotheken

Zum Ausführen des Programms werden folgende Bibliotheken, insbesondere Streamlit, benötigt. Fügen Sie die nachfolgenden Code-Zeilen vor die Funktion **main()** ein.

**Beispiel**

```
import streamlit as st

import pandas as pd

import numpy as np

import base64

import io

from io import BytesIO, StringIO

import xlsxwriter

import os
```

### 5.2.4 Metadaten

Streamlit bietet die Verwendung von einfachen Textelementen, wie Titel, Über- und Unterschriften, an, um weitere Angaben zum Code (z.B. Version) zu machen. Mit dem folgenden Code gelingt dies, den Sie eingerückt innerhalb der Funktion **main()** hinzufügen:

**Beispiel**

```
st.title('Inventory Analyzer')

st.markdown(f'*Version 0.1.0*\n&copy;')

st.header("Calculation of depreciation for obsolete inventories")
```

### 5.2.5 Definition eines Datenmodells

Der nachfolgende Python-Code setzt ein bestimmtes Datenmodell (engl. Data model) voraus. Stellen Sie sicher, dass die Datenregeln bezüglich des Datensatzes eingehalten werden, da andernfalls der Algorithmus nicht initialisiert werden kann. Die für das nachstehende Datenmodell erforderlichen Daten sind aus dem ERP-System zu beschaffen. Die Tabellendaten müssen folgende Felder (Spalten) enthalten und sollen im Excel-Format (.xlsx) vorliegen:

| Feldname | Beschreibung | Python-Datentyp | Datenregel |
|---|---|---|---|
| ArtikelNr | Artikelnummer | String (Text) | Pflicht |
| InvWert | Inventurwert | Float (Zahl) | Pflicht |
| InvBestand | Inventurbestand (Menge) | Float (Zahl) | Pflicht |
| Abgang(p.a.) | Abgangsmenge im letzten Jahr | Integer (Zahl) | Pflicht) |

**Praxistipp:**
Das Datenmodell kann als PDF-Datei oder als CSV-/Excel-Template in die Streamlit-App eingebunden werden und insoweit als Datenanforderung bzw. -dokument (engl. Data request dienen. Weitere Anforderungen an den Datensatz, wie Format und Codierung, sollten ebenfalls festgelegt werden, damit der Code reibungslos initialisiert werden kann. Ebenfalls sollten der jeweilige Datentyp und die Datenregel (Pflichtfeld, optionales Datenfeld) festgelegt werden, um die Anforderungen des Datenmodells abschließend zu spezifizieren.

Die Datenanforderung kann in Streamlit mit folgendem Code z.B. als PDF-Dokument eingebunden werden.

**Beispiel**

```
with open("Datenanforderung.pdf", "rb") as f:
  btn=st.download_button(label='Download Datenanforderung',data=f, file_name='Datenanforderung.pdf')
```

Sofern man dem Anwender eine CSV-Datei als Vorlage bereitstellen möchte, kann man dies wie folgt durchführen:

```
textcontents = ,''
   Nr, ArtikelNr, InvWert, InvBestand, Abgang(p.a.)
   1, 456, 10200.00, 2200.00, 856.00
   ,''
st.download_button(label='Download CSV', data=textcontents, file_name='Template.csv', mime='text/csv')
```

## 5.2.6 Ermittlung von Reichweitenabschlägen

Als nächstes ermöglichen Sie mit folgendem Code das Hochladen der so beschafften Daten über die Upload-Komponente von Streamlit:

**Beispiel**

```
uploaded_file = st.file_uploader('Choose your xlsx-file', type='xlsx', key=10)
if uploaded_file is not None:
      cols=['ArtikelNr', 'InvWert', 'InvBestand', 'Abgang(p.a.)'
            data=pd.read_excel(uploaded_file, names=cols, header=0, thousands='.', engine='openpyxl', dtype={'ArtikelNr': str, 'Abgang(p.a.)': int})
else:
      st.write("**Please upload a file.**")
if st.checkbox('Show dataset', key=11):
      st.write(data)
```

Die im Excel-Format vorliegenden Daten werden dabei über die Upload-Komponente von Streamlit in das Pandas-Objekt Dataframe geladen.

Starten Sie die App erstmals in der Kommandozeile mit dem Befehl „streamlit run app.py“. Danach sollte der Browser auf Basis des vorgenannten Code Folgendes anzeigen:

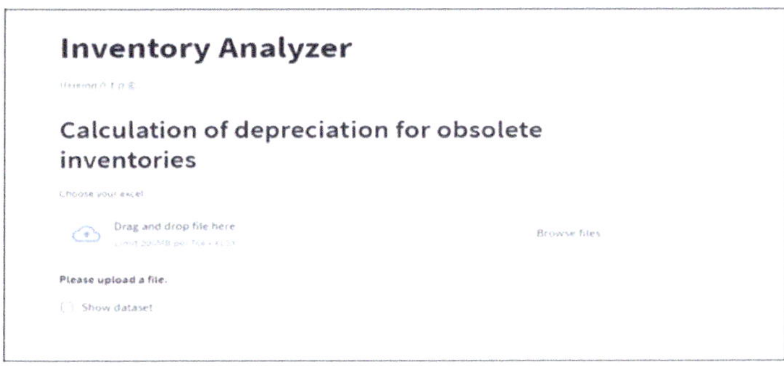


**Abb. 5.2** Startoberfläche der App[70]

Sofern die Daten hochgeladen wurden und die Checkbox „Show dataset“ aktiviert wurde, erscheint folgendes Bild:

Show dataset

| | ArtikelNr | InvWert | InvBestand | Abga |
|---|---|---|---|---|
| 0 | 3003075 | 29,438.4340 | 1,033.0000 | 982 |
| 1 | 3003064 | 26,029.9995 | 150.0000 | 44 |
| 2 | 5004194 | 14,495.0000 | 223.0000 | 124 |
| 3 | 3003065 | 11,298.7581 | 592.0000 | 95 |
| 4 | 5004195 | 10,927.3200 | 164.0000 | 2 |

**Abb. 5.3** Erste fünf Zeilen des Datensatzes in der Streamlit-App[71]

70 Eigene Darstellung; Screenshot: T. Dreixler.
71 Eigene Darstellung; Screenshot: T. Dreixler.

Widmen Sie sich als nächstes der eigentlichen **Abwertungsroutine nach dem Reichweitenverfahren** zu. Die Reichweite jedes Artikels wird im Dataframe mit den Spalten InvBestand und Abgang (p.a.) wie folgt ermittelt und in eine neue Spalte „Reichweite“ geschrieben:

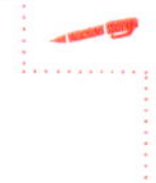

**Beispiel**

data ['Reichweite']=data['InvBestand']/data['Abgang(p.a.)']

Der Abwertungssatz ist naturgemäß je Reichweite abhängig. Entgegen der allgemeinen Erwartung kennt Pandas keinen vordefinierten Syntax, um entsprechend eine neue Spalte mit einem reichweitenabhängigen Abwertungssatz zu erstellen, die auf Bedingungen wie „wenn die Reichweite größer oder gleich 1,0 und kleiner als 2,0 ist, dann … etc.“ basiert. Es bestehen dennoch mehrere Möglichkeiten hierfür bereit, eine solche Routine in Python zu definieren, von der Sie aber nur eine einzige, wenn auch sehr gute Lösung zu kennen brauchen. Beginnen Sie zunächst, die Abwertungssätze für jede Reichweite beispielhaft zu definieren:

| Reichweite | Abwertungssatz |
|---|---|
| <1.0 | 0 % |
| ≥1.0 und <2.0 | 25 % |
| ≥2.0 und <5.0 | 50 % |
| ≥5.0 und <10.0 | 75 % |
| ≥10.0 | 90 % |

Die Lösung in diesem Fall besteht darin, auf die Funktion **np.select()** der Bibliothek NumPy zurückzugreifen. Diese bietet die beste Balance zwischen Leistung (Schnelligkeit) und Benutzerfreundlichkeit.[72] Schreiben Sie daher eine neue Funktion, die die Werte der Spalte „Reichweite“ als Input-Parameter des Dataframes aufnimmt und als Ergebnis diese in eine neue Spalte „Abwertungssatz“ schreibt:

[72] Sehen Sie auch den Eintrag in Stackoverflow https://stackoverflow.com/questions/36603018/pandas-multiple-conditions-based-on-multiple-columns-using-np-where/36603238

**Beispiel**

```
def get Abwertung (df):

    conditions  = [ df['Reichweite'] <= 1.0, (df['Reichweite'] > 1.0) & (df['Reichweite']<= 2.0), (df['Reichweite'] > 2.0) & (df['Reichweite']<= 5.0), (df['Reichweite'] > 5.0) & (df['Reichweite']<= 10.0), df['Reichweite'] > 10.0]

    choices     = [ 0, 0.25, 0.5, 0.75, 0.9]

    df["Abwertungssatz"] = np.select(conditions, choices, default=np.nan)

    df['Abwertung']=df['Abwertungssatz'] * df['InvWert']

    df['maxAbwertung']=(df[['Abwertung', 'InvWert']]).min(axis=1)

    df['BestandswertnAbwertung']=df['InvWert'] - df['maxAbwertung']

    df['CUMSUM_BestwertnAbwertung'] = df['BestandswertnAbwertung'].cumsum()

    df['CUMSUM_Abwertung'] = df['maxAbwertung'].cumsum()

    df['CUMSUM_InvWert'] = df['InvWert'].cumsum()
```

Mit der neuen Spalte „Abwertungssatz“ im Dataframe fahren Sie danach fort und berechnen die Abwertung jedes Artikels, in dem der Abwertungssatz mit der Spalte „InvWert“ multipliziert wird, um eine neue Spalte „Abwertung“ zu berechnen. Damit die so berechnete Abwertung je Artikel nicht über den ausgewiesenen Inventurwert hinausgeht, berechnen Sie in einer weiteren Spalte „maxAbwertung“ eine maximale Abwertung als Minimum aus den Spalten „Abwertung“ und „InvWert“. Als Differenz zwischen der Spalte „InvWert“ und „maxAbwertung“ ergibt sich sodann in einer weiteren Code-Zeile die Spalte „BestandswertnAbwertung“, was dem Bestandswert nach Reichweitenabschlag entspricht. Zum Schluss sollen noch weitere Vergleichwerte in separate Spalten, wie den kumulierten Bestandswert nach Abwertung, die kumulierte Abwertung und den kumulierten Inventurwert berechnet und ausgegeben werden. Dabei wird die Funktion **cumsum()** von Pandas verwendet, welche die Spaltenwerte aufsummiert. Jetzt muss die Funktion lediglich noch aufgerufen wurden, um die Aufgabe zu erledigen.

Fügen Sie daher noch die folgende Code-Zeile ein, welche die Routine initialisiert, ausführt und die geänderte Tabelle anzeigt:

**Beispiel**

```
getAbwertung(data)
```

Mit dem abschließenden Code-Snippet laden Sie die Ergebnisse als Excel-Datei herunter:

**Beispiel**

```
def to_excel(df):
        output = BytesIO()
        writer = pd.ExcelWriter(output, engine='xlsxwriter')
        df.to_excel(writer, sheet_name='Sheet1', index=False)
        writer.save()
        processed_data = output.getvalue()
        return processed_data
def get_table_download_link(df):
        val = to_excel(df)
        b64 = base64.b64encode(val)
        return f'<a href="data:application/octet-stream;base64,{b64.
decode()}" download="Abwertung.xlsx">Results</a>'
        st.markdown(get_table_download_link(data), unsafe_allow_
        html=True)
```

Beim Ausführen des Codes im Browser erscheint dann:

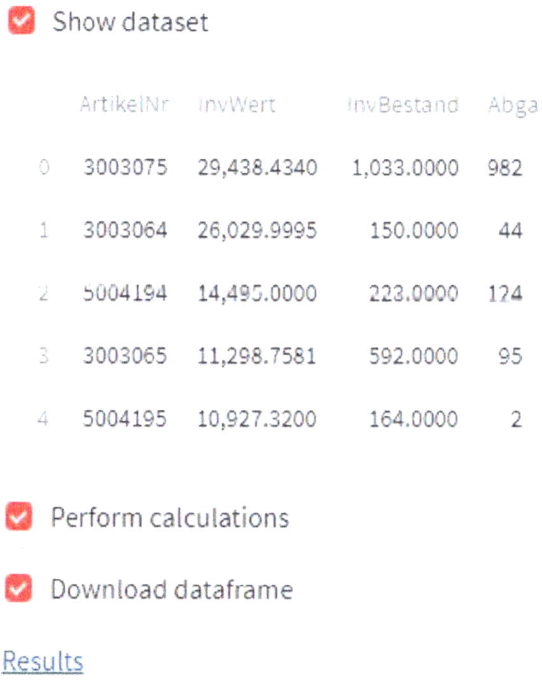

☑ Show dataset

| | ArtikelNr | InvWert | InvBestand | Abga |
|---|---|---|---|---|
| 0 | 3003075 | 29,438.4340 | 1,033.0000 | 982 |
| 1 | 3003064 | 26,029.9995 | 150.0000 | 44 |
| 2 | 5004194 | 14,495.0000 | 223.0000 | 124 |
| 3 | 3003065 | 11,298.7581 | 592.0000 | 95 |
| 4 | 5004195 | 10,927.3200 | 164.0000 | 2 |

☑ Perform calculations

☑ Download dataframe

Results

**Abb. 5.4** Oberfläche der App am Programmende[73]

Unter dem Link „Results" verbirgt sich das Dataframe als Excel-Tabelle zum Download. Nach dem Öffnen der Excel-Tabelle erkennt man schnell, dass der Code zu richtigen Ergebnissen führt:

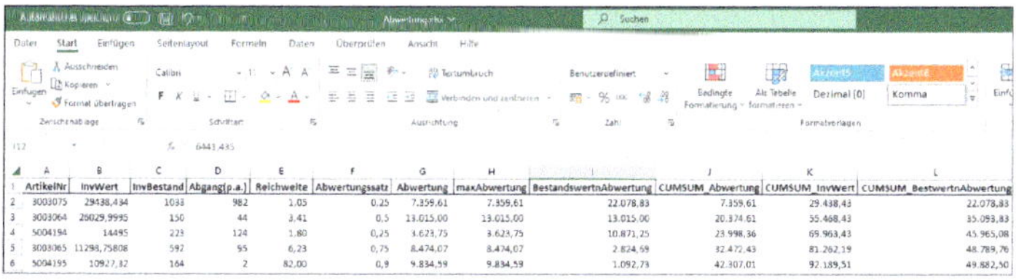

| | A | B | C | D | E | F | G | H | I | J | K | L |
|---|---|---|---|---|---|---|---|---|---|---|---|---|
| 1 | ArtikelNr | InvWert | InvBestand | Abgang(p.a.) | Reichweite | Abwertungssatz | Abwertung | maxAbwertung | BestandswertnAbwertung | CUMSUM_Abwertung | CUMSUM_InvWert | CUMSUM_BestwertnAbwertung |
| 2 | 3003075 | 29438,434 | 1033 | 982 | 1,05 | 0,25 | 7.359,61 | 7.359,61 | 22.078,83 | 7.359,61 | 29.438,43 | 22.078,83 |
| 3 | 3003064 | 26029,9995 | 150 | 44 | 3,41 | 0,5 | 13.015,00 | 13.015,00 | 13.015,00 | 20.374,61 | 55.468,43 | 35.093,83 |
| 4 | 5004194 | 14495 | 223 | 124 | 1,80 | 0,25 | 3.623,75 | 3.623,75 | 10.871,25 | 23.998,36 | 69.963,43 | 45.965,08 |
| 5 | 3003065 | 11298,75808 | 592 | 95 | 6,23 | 0,75 | 8.474,07 | 8.474,07 | 2.824,69 | 32.472,43 | 81.262,19 | 48.789,76 |
| 6 | 5004195 | 10927,32 | 164 | 2 | 82,00 | 0,9 | 9.834,59 | 9.834,59 | 1.092,73 | 42.307,01 | 92.189,51 | 49.882,50 |

**Abb. 5.5** Inhalt des Excel-Downloads am Programmende[74]

[73] Eigene Darstellung; Screenshot: T. Dreixler.
[74] Eigene Darstellung; Screenshot: T. Dreixler.

### 5.2.7 Weitere Modellvarianten berücksichtigen

Der Code kann danach noch um weitere Abwertungsmodelle ergänzt werden. Schreiben Sie hierfür einfach eine weitere Funktion **consvAbwertung()** mit einem zweiten konservativen Abwertungsmodell aus Ihrer Praxis, das Sie in Abhängigkeit einer Auswahlbox ausführen. Im Code können Sie diese Steuerung nach dem Element st.checkbox('Show dataset') über einen if-else-Ausdruck initialisieren.

**Beispiel**

```
# Ergänzen Sie den Code vor dem Element st.checkbox('Show dataset')

if st.checkbox('Define model', key=12):

        options=['Normal', 'Konservativ']

        st.selectbox('Wählen Sie das Abwertungsmodell aus?', options)

# Ergänzen Sie den Code nach st.checkbox('Perform calculations', key=30):

if option == "Normal":

            getAbwertung(data)

else:

            consvAbwertung(data)

st.write(data.head(10))
```

## 5.3 Berechnung der Urlaubsrückstellung

Die Urlaubsrückstellung ist als ungewisse Verbindlichkeit des Arbeitgebers zur Gewährung von Urlaub unter Fortzahlung des Arbeitslohns zu bilden, soweit ein Arbeitnehmer am Bilanzstichtag (Stichtagsprinzip) den ihm bis dahin zustehenden Urlaub noch nicht genommen hat. Die Urlaubsrückstellung wird getrennt von der Lohn- und Gehaltsabrechnung regelmäßig zum Jahresende erstellt. Die Berechnung der Urlaubsrückstellung ist für Handels- und Steuerbilanz nach herrschender

Meinung unterschiedlich.[75] Es bietet sich an, diese unterschiedlichen Berechnungsweisen zu automatisieren, da Sie nahezu in jeder Abschlussprüfung als Prüfungssachverhalte vorkommen.

### 5.3.1 Verschiedene Berechnungsmethoden und Datengrundlagen

Die Höhe der Rückstellung bestimmt sich allgemein nach dem Urlaubsentgelt, das der Arbeitgeber hätte aufwenden müssen, wenn er seine Zahlungsverpflichtung bereits am Bilanzstichtag erfüllt hätte. Die Zahlungsverpflichtung wird dabei von verschiedenen Faktoren beeinflusst, die zu unterscheiden sind und nachstehend erläutert werden:

- das Urlaubsentgelt bzw. rückständige Arbeitsentgelt als Erfüllungsrückstand,
- die Anzahl der Arbeitstage,
- die Anzahl der noch nicht genommenen Urlaubstage (Resturlaubstage).

**Urlaubsentgelt** in der *Handelsbilanz* ist die Lohnfortzahlung im Urlaubsfall, die der Arbeitgeber aufgrund des Gesetzes oder Vertrags hätte aufwenden müssen, wenn er seine Zahlungsverpflichtung bereits am Bilanzstichtag erfüllt hätte. Lohn- und Gehaltssteigerungen für das folgende Geschäftsjahr müssen berücksichtigt werden, soweit sie am Bilanzstichtag bereits bekannt sind. Urlaubsentgelt in der *Steuerbilanz* ist die Lohnfortzahlung im Urlaubsfall, die der Arbeitgeber aufgrund des Gesetzes oder Vertrags hätte aufwenden müssen, wenn er seine Zahlungsverpflichtung bereits am Bilanzstichtag erfüllt hätte. Lohn- und Gehaltssteigerungen für das folgende Geschäftsjahr dürfen nicht berücksichtigt werden.

In der *Handelsbilanz* sind als **Anzahl der Arbeitstage** die tatsächlichen Arbeitstage relevant. Hierfür werden die regelmäßigen Arbeitstage noch um den Urlaubsanspruch und die zu erwartenden Ausfallzeiten und Fehlzeiten gekürzt. In der *Steuerbilanz* werden als regelmäßigen Arbeitstage die Anzahl der regulären Arbeitstage genommen. Bei einer Fünftagewoche werden 250 regelmäßige Arbeitstage (entspricht 5 Tagen x 52 Wochen) zu Grunde gelegt werden, bei einer Sechstagewoche

[75] Vgl. Schubert in Beck'scher Bilanzkommentar, 13. Auflage 2022, § 249 HGB Rn. 130 Stichwort: „Urlaub".

300 Arbeitstage. Von Teilzeitarbeit wird im Folgenden aus Vereinfachung der Modellbildung abgesehen.

Sowohl in der *Handels- als auch in der Steuerbilanz* gelten als **Resturlaubstage** alle Urlaubstage, auf die der Arbeitnehmer am Bilanzstichtag noch einen Anspruch hat.

### 5.3.2 Erstellen von mehrseitigen Apps mit Streamlit

Vor der Streamlit-Version 1.10.0 gab es keine Unterstützung für eine mehrseitige Anwendung. Dies ist aber im vorgenannten Use Case erforderlich, da es für Handels- und Steuerbilanz aufgrund der unterschiedlichen Berechnungsfaktoren wie zuvor dargestellt jeweils eigene Berechnungsarten für die Urlaubsrückstellung gibt. In der aktuellen Version von Streamlit sind die folgenden Schritte für die Erstellung einer mehrseitigen Anwendung erforderlich:

**Beispiel**

1. Erstellen Sie eine Einstiegsdatei in App.py. Hervorzuheben ist, dass der Dateiname groß geschrieben wird.
2. Erstellen Sie einen neuen Unterordner „pages“ im selben Ordner, in dem Sie eine „Einstiegspunktdatei“ (App.py) erstellt haben.
3. Erstellen Sie zwei neue Dateien innerhalb des neuen Unterordners, welche die Logik für die Berechnung der Handels- und Steuerbilanz enthält:
   - pages/hgb_rückstellung.py
   - pages/stb_rückstellung.py
4. Entwickeln Sie den Inhalt der Logik für die Berechnung der Handels- und Steuerbilanz in den entsprechenden neuen Dateien aus Schritt 3.

Führen Sie schließlich den Befehl "streamlit run App.py" aus, um Ihre mehrseitige App anzuzeigen.

In der erstellten Datei „App.py“ müssen Sie noch Ihren Einstiegspunkt definieren und die Auswahl der verschiedenen Berechnungsmethoden mit einem seitlichen Auswahlmenü definieren. Dies bewerkstelligt der folgende Code:

**Beispiel**

```
import streamlit as st

def hgb_Rückstellung():

    st.markdown("# Berechnung der HGB-Rückstellung")

    st.sidebar.markdown("# Berechnung der HGB-Rückstellung")

def stb_Rückstellung():

    st.markdown("# Berechnung der StB-Rückstellung")

    st.sidebar.markdown("# Berechnung der StB-Rückstellung")

page_names_to_funcs = {

    "hgb_Rückstellung": hgb_Rückstellung,

    "stb_Rückstellung": stb_Rückstellung}

selected_page = st.sidebar.selectbox("Select a page", page_names_
to_funcs.keys())

page_names_to_funcs[selected_page]()
```

Der Code importiert zunächst die Streamlit-Bibliothek. Danach schreiben Sie zwei Funktionen, die die verschiedenen Berechnungsweisen als Unterseiten definiert. Beide Funktionen werden sodann in einem Wörterbuch angegeben, dass diese über das Streamlit-Element st.sidebar.selectbox() zur Auswahl stellt. Das Ergebnis ist folgende Ansicht:

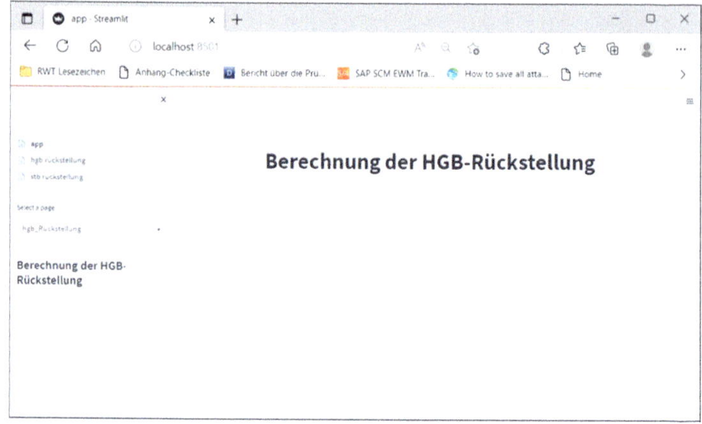


**Abb. 5.6** Einstiegsseite mit seitlichen Auswahlmenü[76]

Über das seitliche Auswahlmenü „HGB-Rückstellung“ wird die Seite zur Berechnung der HGB-Urlaubsrückstellung angezeigt. Über das Auswahlmenü „StB-Rückstellung“ gelangt der Anwender zur Berechnung der Steuerbilanz-Rückstellung. Aus Platzgründen wird im nächsten Abschnitt nur der Code für die Berechnung der Rückstellung in der Handesbilanz erläutert. Definieren Sie als nächstes den Code, um auf dieser Seite die Berechnung auszuführen.

### 5.3.3 Programmlogik für die Handelsbilanz

Die Programmlogik für die Handelsbilanz-Berechnung wird in der Datei „hgb_rückstellung.py“ eingefügt, die nachfolgend näher beschrieben wird.

Wie bei jedem Python-Programm gilt es zunächst, die benötigten Bibliotheken zu importieren:

**Beispiel**

```
import streamlit as st

import pandas as pd

import numpy as np
```

[76] Eigene Darstellung; Screenshot: T. Dreixler.

```
import base64
import requests
import io
from io import BytesIO
import datetime as dt
import xlsxwriter
```

Im nächsten Schritt erfolgt die Definition eines Datenmodells mit der Möglichkeit zum Hochladen des Datensatzes, für den die Urlaubsrückstellung berechnet werden soll. Greifen Sie hierfür einfach wieder auf die Upload-Komponente von Streamlit zurück, in dem Sie den folgenden Code schreiben:

**Beispiel**

```
uploaded_file = st.file_uploader("Wählen Sie einen Datensatz für die Berechnung aus.")

if uploaded_file is not None:

    cols=['Nr', 'Mitarbeiter', 'BruttoGehalt', '%-Zuschlag BruttoGehalt', 'UrlaubsAnsprJahr', 'GenommenerUrlaub']

    data = pd.read_csv(uploaded_file, engine='python', sep=';', header=0, names = cols, thousands='.', decimal=',')

else:

    st.write("**Bitte laden Sie eine CSV-Datei mit den Daten laut Datenmodell hoch.**")
```

Das Datenmodell besteht bei der Urlaubsrückstellung allgemein aus den folgenden Grunddaten, die standardmäßig beschafft werden müssen:

| Datenanforderung | Erläuterung |
|---|---|
| Nr. | Mitarbeiternummer oder Indexnummer des Mitarbeiters im Datensatz |
| Mitarbeiter | Der Mitarbeitername (ggf. auch optional) |
| %-Zuschlag Brutto-Gehalt | Evtl. Zuschläge zum Grundgehalt, wie Boni oder geldwerte Vorteile |
| UrlaubsAnsprJahr | Der gesetzliche Urlaubsanspruch des Beschäftigten |
| GenommenerUrlaub | Der genommene Urlaub des Beschäftigen im vergangenen Jahr |

Mit einer Streamlit-Checkbox können Sie danach den einmal hochgeladenen Datensatz in der App anzeigen:

**Beispiel**

```
if st.checkbox('Stellen Sie die ersten Zeilen des Datensatzes dar.', key=10):
    st.write(data.head())
```

Beginnen Sie anschließend mit dem Design für die Parametrisierung der Berechnung in Streamlit. Im folgenden Beispiel werden verschiedene GUI-Elemente von Streamlit verwendet.[77] Der Code für die Parametereingaben lautet wie folgt und ist selbsterklärend:

**Beispiel**

```
if st.checkbox('Legen Sie Parameter der Berechnung fest', key=20):

mean_wd = st.number_input("Durchschnittliche Arbeitstage pro Monat", 18.00, key=7)

zus_beitrag = st.slider('Zusatzbeitrag in %?', 1.0, 2.0, 1.1, key=8)

bg_beitrag = st.slider('BG-Beitrag in %?', 1.0, 2.0, 1.2, key=9)

inso_beitrag = st.slider('Insolvenzgeldumlage in %?', 0.01, 1.0, 0.41, key=10)

sons_beitrag = st.slider('Sonstige Kosten in %?', 0.010, 1.0, 0.5, key=11)
```

77 Zu den GUI-Elementen siehe Anhang B.

```
sal_increase = st.slider('Erhöhung des Gehalts in % im Folgejahr?', 1.0, 3.0, 2.0, key=12)

option = st.selectbox('Sitz der Betriebsstätte?', ('West', 'Ost – außer Sachsen'))
```

Nachfolgend die Erklärungen für die einzelnen Parametereingaben:

| Parameter-Eingabe | Erklärung |
|---|---|
| mean_wd | Durchschnittliche Anzahl der Arbeitstage. In der Handelsbilanz sind dies bei einer Vollzeitbeschäftigung rd. 18 Tage pro Monat (250 Tage geteilt durch 12 Monate) |
| zus_beitrag | Zur Berechnung der SV-Beiträge bei gesetzlich Krankenversicherten wird die Eingabe eines Zusatzbeitrags ermöglicht |
| bg_beitrag | Der prozentuale Anteil des BG-Beitrags am Gehalt des Arbeitnehmers bzw. Gehaltsempfängers |
| inso_beitrag | Der prozentuale Anteil der Insolvenzumlage am Gehalt des Arbeitnehmers bzw. Gehaltsempfängers |
| sons_beitrag | Die sonstigen Kosten als prozentualer Anteil am Gehalt des Arbeitnehmers bzw. Gehaltsempfängers |
| sal_increase | Die zu erwartenden Gehaltssteigerungen als prozentualer Anteil am Gehalt des Arbeitnehmers bzw. Gehaltsempfängers |
| option | Die Festlegung des Sitzes der Betriebsstätte. In Abhängighängigkeit davon sollen unterschiedliche Beitragsbemessungsgrundlagen für die Berechnung der Sozialversicherungsabgaben erfolgen. |

Als Stichtagwert soll standardmäßig der 31.12.2022 vorgegeben sein. Daher definieren Sie noch eine Eingabe für das Berechnungsjahr. Sie können dann unterschiedliche Berechnungen im Hinblick auf unterschiedliche Beitragsbemessungsgrundlagen durchführen.

**Beispiel**

```
x = dt.date(2022, 12, 31)

# Verwenden Sie hierfür das GUI-Element Datumsauswahl

current_year = st.date_input('Beginn des Berechnungsjahres', x, key=6)

y = str(current_year.year)
```

Nach der Eingabe des Stichtags wird aus dem Datetime-Objekt mit der Methode **year()** das Jahr abgeleitet und als neue Variable gespeichert.

**Praxistipp:**
Da die Berechnung je nach Sitz der Betriebsstätte erfolgen soll, werden entsprechend unterschiedliche Beitragsbemessungsgrundlagen benötigt. Im Hintergrund kann dies einfach über eine CSV-Datei realisiert werden, welche die verschiedenen Eckdaten bereithält und welche zur Laufzeit des Programms ausgelesen wird.

Definieren Sie eine entsprechende CSV-Datei, welche die Beitragsbemessungsgrenzen für die einzelnen Jahre bereithält und tragen dort die einzelnen Eckdaten ein. Im Anschluss laden Sie diese Daten mit der Pandas-Methode **read_csv()** in das Programm zur Laufzeit und selektieren daraus das Jahr je nach Eingabe des Anwenders:

**Beispiel**
Laden der Beitragsbemessungssätze für das Berechnungsjahr

```
cols = ['Jahr', 'bbmg_rv_west', 'bbmg_rv_ost', 'bbmg_kv']

df = pd.read_csv('bbmgDaten.csv', engine='python', sep=';', header=0, names = cols, thousands='.', decimal=',')

df["Jahr"]=df["Jahr"].astype(str)

df_1 = df.loc[(df["Jahr"] == y)]
```

Zum Schluss schreiben Sie noch den Code, der die Berechnung der HGB-Rückstellung ausführt. Für die Berechnung wird eine if-else-Bedingung benötigt, um die Rückstellung in Abhängigkeit von den Standortparametern (West-Ost-Betriebsstätte) berechnen zu können.

**Beispiel**

```
if st.checkbox('Führen Sie die Berechnung durch', key=30):

    if option == "West":

        bbmg_RV = df_1.iloc[0]['bbmg_rv_west']/360*30

        data['rv_beitrag'] = data["BruttoGehalt"] * (1+sal_increase/100)*
        (0.186 + 0.024)
```

```
max_rv= bbmg_RV*0.1995

data['max_rv'] = max_rv

data['rv_beitrag_final']= data[['rv_beitrag','max_rv']].min(axis=1)

bbmg_KV=df_1.iloc[0]['bbmg_kv']/360*30

data['kv_beitrag'] = data["BruttoGehalt"] *(1+sal_increase/100)* 0.146

data['kv_beitrag_zusatz'] = data["BruttoGehalt"] * (1+sal_increase/100) * zus_beitrag/100

data['kv_gesamt']=data['kv_beitrag']+data['kv_beitrag_zusatz']

max_kv = bbmg_KV*(0.146 + zus_beitrag/100)

data['max_kv'] = max_kv

data['kv_beitrag_final'] = data[['kv_gesamt','max_kv']].min(axis=1)

data['pv_beitrag']=data["BruttoGehalt"]*0.0305 *(1+sal_increase/100)

max_pv = bbmg_KV*0.0305

data['max_pv']= max_pv

data['pv_beitrag_final'] = data[['pv_beitrag','max_pv']].min(axis=1)

data['BG_Beitrag']= data["BruttoGehalt"]*bg_beitrag / 100 *(1+sal_increase/100)

data['inso_Beitrag']= data["BruttoGehalt"]*inso_beitrag / 100 * (1+sal_increase/100)

data['SonstigeKosten']= data["BruttoGehalt"]*sons_beitrag / 100 * (1+sal_increase/100)

data['ZusatzkostenAG'] = data['rv_beitrag_final'] +data['kv_beitrag_final']+ data['pv_beitrag_final'] + data['BG_Beitrag']+ data['inso_Beitrag']+data['SonstigeKosten']
```

Als Ergebnis im ersten if-Block stehen die gesamten Zusatzkosten des Arbeitgebers für eine West-Betriebsstätte, welche aus Rentenversicherungs-, Krankenversicherungs-, Pflegeversicherungsbeitrag und weiteren Kosten (BG-Beitrag, Insolvenzumlage, Sonstie Kosten) besteht. Der Code wendet diese Berechnung auf jede Zeile des hochgeladenen Datensatzes und damit auf die Grunddaten jedes Arbeitnehmers bzw. Gehaltsempfängers an. Analog erfolgt die Berechnung der Ost-Sozialversicherungsbeiträge und weiteren Zusatzkosten innerhalb des else-Blocks.

Schließlich berechnen Sie noch die Gesamtkosten für die Rückstellung, indem Sie zum Bruttogehalt des Beschäftigten nach Erhöhung um eine zu erwartende Gehaltssteigerung die zuvor ermittelten Arbeitgeber-Zusatzkosten erhöhen:

**Beispiel**

```
data['GesamtkostenAG'] = data["BruttoGehalt"] * (1+sal_increase/100)+data['ZusatzkostenAG']

    data['DurchschnittKostenproTag'] = data['GesamtkostenAG']/mean_wd

    data['RSt_Urlaub'] = data["UrlaubsAnsprJahr"] - data["GenommenerUrlaub"]

    data['RStproMA'] = data['RSt_Urlaub'] * data['DurchschnittKostenproTag']

    data['kumulierteRSt']=data['RStproMA'].cumsum()
```

In der Spalte „RStproMA“ ergibt sich dann je Mitarbeiter die zu bildende Urlaubsrückstellung nach HGB. Zur Sichtbarmachung der Gesamtrückstellung werden die für Beschäftigten berechneten Einzelrückstellung mit der cumsum()-Methode kumuliert und in die Spalte „kumulierteRSt“ geschrieben.

Zum Schluss können Sie das Dataframe mit allen berechnenten Werten als Excel-Datei zum Download anbieten. Dies gelingt mit dem Code Snippet, der bereits unter Abschnitt 5.2 dargestellt wurde.

Damit haben Sie nun alles zusammen, um die Anwenderoberfläche des Codes zu zeigen:

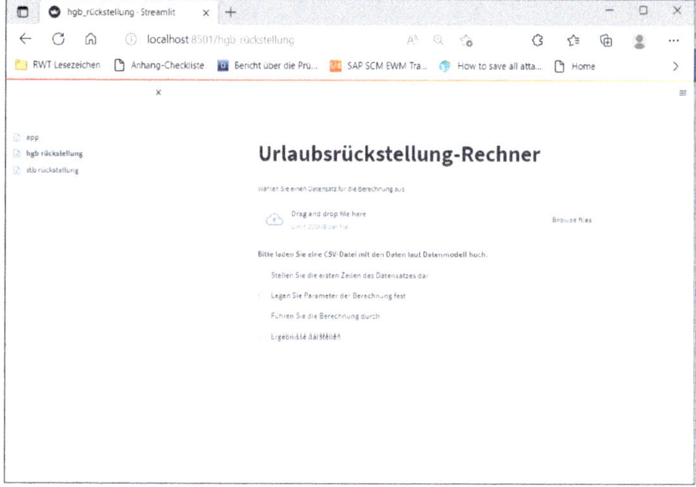


**Abb. 5.7** Struktur der Oberfläche auf Basis der Programmlogik für die Handelsbilanz[78]

## 5.4 Informationsgewinnung für die Prüfung des Lageberichts

Die Zeit, die man bei jeder Prüfung des Lageberichts damit verbringt, aktuelle Informationen zur gesamtwirtschaftlichen Lage oder zur Branche zu gewinnen, ist begrenzt, sodass sicher jeder ständig nach Möglichkeiten sucht, die Beschaffung relevanter Informationen für diese Aufgabe zu optimieren. Hauptsächlich dort, wo man die vom Mandanten verwendeten Wirtschaftsdaten überprüft, kann es praktisch sein, ein benutzerdefiniertes Dashboard zu erstellen, um die benötigten Daten für die verschiedenen Datenquellen quasi realtime von betreffenden Webseiten herunterzuladen und anzuzeigen. Mithilfe von Streamlit liegt dabei eine einfache Möglichkeit vor, ein solches Dashboard zu erstellen.

### 5.4.1 Die Idee eines „Economic Data Dashboards"

Hinter der Idee steckt ein Dashboard, das über ein seitliches Auswahlmenü die relevanten und häufig verwendeten Datenquellen, insbesondere volkswirtschaftliche Datenquellen anzeigt, um darauf ohne

[78] Eigene Darstellung; Screenshot: T. Dreixler.

weitere Suche zugreifen zu können. Sobald eine Datenquelle darin ausgewählt wird, soll der Anwender die Daten nach dem Betätigen einer Checkbox die Daten automatisiert beschaffen und danach grafisch anzeigen können. Auch eine Download-Komponente hinsichtlich der Daten ist vorgesehen. In einem ersten Mockup könnte die Grundstruktur des Dashboards und seine Hauptfunktionalität wie folgt aussehen:

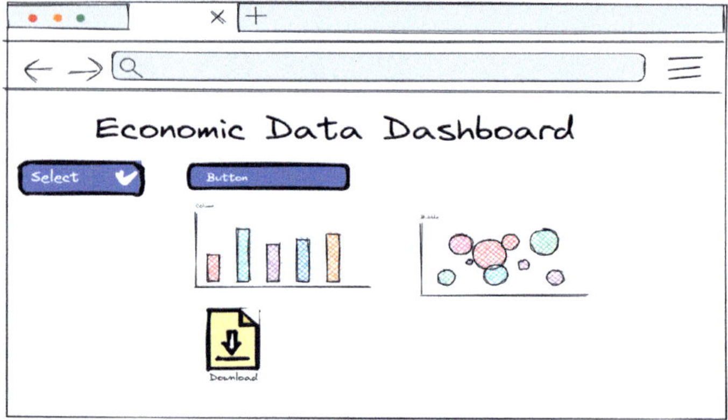


**Abb. 5.8** Dashboard Mockup[79]

Nachdem die Hauptidee des Dashboards skizziert wurde, besteht der nächste Schritt darin, den passenden Python-Code zu entwickeln.

### 5.4.2 Import von Bibliotheken

Zum Ausführen des Dashboards werden neun Bibliotheken benötigt:

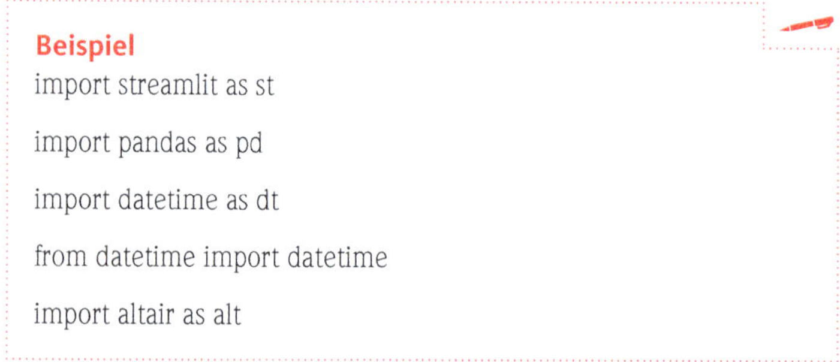

**Beispiel**

```
import streamlit as st

import pandas as pd

import datetime as dt

from datetime import datetime

import altair as alt
```

[79] Eigene Darstellung; Entwurf: T. Dreixler.

### 5.4.3 Definition der Datenquelle

Bevor Sie die erste Code-Zeile schreiben, müssen Sie die jeweilige Datenquelle definieren, von der Daten benötigt werden. In diesem Beispiel können die Daten aus verschiedenen Quellen angefordert werden wie z.B.:

- Statistisches Bundesamt (Destatis),
- ifo Institut,
- Bundesbank.

Weitere Datenquellen sind im **Anhang B** dargestellt. An dieser Stelle wird darauf hingewiesen, dass nachfolgend lediglich die Grundstruktur des Dashboards anhand einer Datenquelle, nämlich Destatis, vollumfänglich dargestellt wird. Mit diesem Verstädnis sind Sie danach selbst in der Lage, dass Beispiel um weitere Datenquelle erweitern zu können.

Zunächst schreiben Sie die Datenquelle in eine Liste, deren Bezeichnungen Sie für einen Aufruf im Dashboard verwenden möchten.

**Beispiel**

```
datasource=["Destatis","ifo Institut", "Bundesbank"]
```

Schreiben Sie anschließend die Einträge der Liste in ein Wörterbuch, damit Sie die jeweilige Auswahl in kürzere Bezeichnungen übersetzen können, die zum Aufruf der Datenquelle benötigt werden.

**Beispiel**

```
sourcePAGES = {"Destatis": datasource[0], "ifo": datasource[1], "Bundesbank": datasource[2]}
```

Jedes Element enthält einen Index und einen Wert, die durch einen Doppelpunkt voneinander getrennt sind. In einem Wörterbuch, wie unter Abschnitt 3.3 erläutert, nennt man die Indizes Schlüssel und die Elemente Schlüssel-Wert-Paare. Über den ausgewählten Schlüssel gelingt es, den Index abzuleiten bzw. aufzurufen. Der folgende Code ist etwas schwieriger zu verstehen, jedoch außerordentlich praktisch, wenn es darum geht, Oberflächen-Beschreibungen von Programm-Logik zu trennen. Gemeint ist das Entpacken einer Liste in mehrere Variablen mit dem Entpackoperator (*), der durch das Sternchen-Symbol (*) vor dem Wörterbuch „sourcePAGES" aufgerufen wird.[80] Damit sind Sie in der Lage die einzelnen Elemente des Wörterbuchs aufzurufen und einer weiteren Funktion zu übergeben oder als neue Variable im Code zur Verfügung zu stellen. Mit der Methode get(), welche Sie auf das einzelne Element „Datenquellen"-Wörterbuchs anwenden, greifen Sie schließlich auf den ursprünglichen Indexwert des Wörterbuchs zu.

**Beispiel**

```
selection = st.sidebar.selectbox("Select datasource", [*sourcePAGES])

option=sourcePAGES.get(selection)
```

Um die Daten aus der Datenquelle nach einem Zeitraum zu selektieren, fügen Sie noch den nachfolgenden Code hinzu, in dem ein GUI-Element für die Datumsangabe eingesetzt wird:

**Beispiel**

```
start_range = dt.date(2019,1,1)

    end_range =dt.date(2022,12,31)

    col1, col2 = st.columns(2)

    begin=col1.date_input('Starting Year',start_range)

    end=col2.date_input('Ending Year', end_range)
```

**Abb. 5.9** Oberfläche der App nach dem Programmstart[81]

80 Vgl. Abschnitt 3.7.
81 Eigene Darstellung; Screenshot: T. Dreixler

### 5.4.4 Aufruf der Datenquelle

Die Variable „option" nehmen Sie nachstehend als if-Bedingung für die Selektion der Datenquellen. Wenn diese wahr ist, dann soll der Aufruf der ausgewählten Datenquelle erfolgen. Dies soll mit der Datenquelle „Destatis" des statistischen Bundesamtes verdeutlicht werden:

**Beispiel**

```
if option=="Destatis":

    <Block von Anweisungen ausgeführt (der sog. if-Block)>
```

Mit den Konjunkturindikatoren veröffentlicht das Statistische Bundesamt umfangreiche Tabellen mit monatlichen oder vierteljährlichen Ergebnissen zu verschiedenen Bereichen. Über die HTML-Tabellen und ergänzenden Diagramme hinaus werden die Daten der Tabellen auch im CSV-Format für die Weiterverarbeitung zur Verfügung gestellt, um sie unkompliziert in verschiedene Programme laden zu können.[82]

Auf der Webseite stehen verschiedene Indikatoren zum Download bereit. Es bietet sich an, nach der allgemeinen Auswahl der Datenquelle auch ein weiteres Wörterbuch zu erzeugen, was die dahinterstehenden Adressen der einzelnen Konjunkturindikatoren, wie BIP oder Auftragseingang, enthält, die dann ebenfalls einzeln aufgerufen werden können. Hierfür wird ein weiteres Streamlit-Element benötigt. Je nach Auswahl des Indikators erfolgt dabei der Aufruf der entsprechenden Datenquelle bzw. Indikators im Rahmen einer eigenen if-else-Bedingung.

**Beispiel**

```
indicator = st.selectbox("Select an Indicator:", ("GDP","Auftragseingangsindex"))

if indicator=="GDP":

  bip="https://www.destatis.de/static/de_/opendata/data/bruttoinlandsprodukt_originalwert.csv"
```

[82] Vgl. https://www.destatis.de/DE/Service/OpenData/konjunkturindikatoren-csv.html

```
custom_date_parser = lambda x: datetime.strptime(x, "%d/%m/%Y")

test=pd.read_csv(bip, sep=';', header='infer', skiprows=[0,1], usecols=[0,1], names=['date', 'BIP'], decimal=',', parse_dates = ['date'], date_parser=custom_date_parser)
```

### 5.4.5 Automatische Beschaffung, Selektion und Aufbereitung der Daten

Mit dem folgenden Code selektieren Sie die Daten des beschafften Zeitraums und schreiben diese dann noch in ein Dataframe.

**Beispiel**

```
test['date'] = pd.to_datetime(test['date']).dt.date

mask=(test["date"]>=begin) & (test["date"]<=end)

test['BIPchange'] = test['BIP'].pct_change()

df = test.loc[mask]

st.write(df)
```

Dabei ermitteln Sie mit der Methode **pct_change()** die prozentuale Veränderung der Spalte BIP und schreiben diese in eine eigene Spalte „BIP_change" des Dataframe „test". Über die Filterbedingung **mask** wird dann das neue Dataframe entsprechend gefiltert und im Dashboard dargestellt. Streamlit bietet speziell für Kennzahlen das GUI-Element **st.metric()** an, mit dem Sie die Spalte „BIP_change" für das letzte Quartal des Zeitraums befüllen und ausgeben.

**Beispiel**

```
st.metric(label="GDP growth", value=float(df.iloc[-1]["BIPchange"]))
```

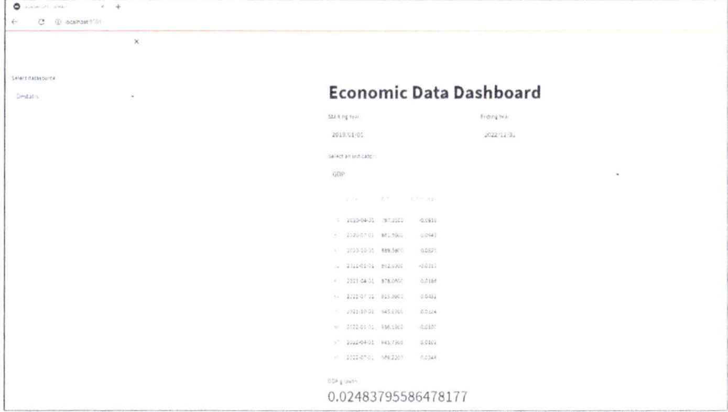


**Abb. 5.10** Anzeige statistischer Daten im Dashboard der App[83]

### 5.4.6 Visualisierung

Mit der nachfolgenden Visualisierung schließt die Datenbeschaffung ab. Dies gelingt sehr schön in Altair, was ein Liniendiagramm mit zwei Kurven darstellt:

**Beispiel**

```
c=alt.Chart(df).mark_line().encode(alt.X('date', axis=alt.Axis(format='%m %Y')),alt.Y('BIPchange',axis=alt.Axis(format='%'))).properties(title="BIP_change in Germany", width=600,height=600).interactive()

lines=alt.Chart(df).mark_line(color='red',size=2).transform_window(rolling_mean='mean(BIPchange)').encode(alt.X('date:T'),alt.Y('rolling_mean:Q')).interactive(bind_y=False)

st.altair_chart(c+lines, use_container_width=True)
```

[83] Vgl. Eigene Darstellung; Screenshot: T. Dreixler.

**Abb. 5.11** Visualisierung einer statistischen Zeitreihe zum BIP-Wachstum in Deutschland in der App[84]

Sehr ähnlich im Vergleich zum Dashboard Mockup. Wie Sie sehen, ermöglicht Streamlit die detaillierte Visualisierung der Informationen. Scrollen Sie noch nach unten und exportieren Sie die Daten im Excel-Format. Dies ein nur Beispiel von vielen, um Datenquellen entsprechend „anzuzapfen". Sie können diese Ideen und den Code für das Dashboard nutzen und an Ihre eigenen Bedürfnisse anpassen.

Das Beispiel zeigt auch, dass Streamlit eine leistungsstarke Bibliothek ist, weil es vielseitig und in der Lage ist, unter ausschließlicher Verwendung von Python Informationen zu präsentieren und andere Sprachen und Frameworks, wie HTML und Javascript, beiseitezulassen, die normalerweise benötigt werden, um eine Webseite zu entwickeln.

[84] Eigene Darstellung; Screenshot: T. Dreixler.

### 5.4.7 Erweiterung um kostenpflichtige API

Bisher wurde ein Beispiel dargestellt, in dem gezeigt wurde, Informationen, die als Datensatz in einer Excel- oder CSV-Datei auf einer Webseite bereitgestellt werden, automatisch zu beschaffen und zu nutzen. Das Beispiel soll nun um die Informationsgewinnung per API erweitert werden. Hierfür sollen Daten zum rechtlichen Umfeld einer Gesellschaft beschafft werden. Als Alternative bietet sich die API von implisense.com an. Bevor Sie mit dem Coding beginnen, werden noch einige Grundlagen einer API näher erläutert.

**Hinweis:**
Was ist eine API?

API steht für Application Programming interface. Es ist eine Reihe von Diensten und Protokollen, die von einer Anwendung verwendet werden und es einer Anwendung ermöglichen, mit einer anderen Anwendung zu kommunizieren. Die REST-API ist dabei besonders verbreitet. Es ist eine API, die dem Restful-Design entspricht. Diese Art von API ist ein datenorientierter Ansatz, der HTTP-Anfragen, wie Put, Post, Get, Delete, verwendet, um die Daten auf dem Server basierend auf der Anforderung des Clients zu erstellen, zu lesen, zu aktualisieren und zu löschen (CRUD). Datenorientiert heißt auch, dass die zurückgelieferten Daten dem JSON-Format entsprechen. Das Format ähnelt einem Python-Wörterbuch und ist damit relativ eigenständig definierbar. Dies ist auch einer seiner Vorzüge und führt daher zum Standard beim Datenaustausch zwischen Web-Diensten. Wenn auch einige Freiheiten bei der Definition von Standards erlaubt sind, gibt es bei JSON auch ein paar Regeln zu beachten.[85]

Um neue Datenquelle als Auswahl bereitzustellen, erweitern Sie einfach das zuvor definierte Wörterbuch der verfügbaren Datenquellen wie folgt:

85 Vgl. https://jsonapi.org/recommendations/

**Beispiel**

# Dashboard-Erweiterung

sourcePAGES = {"Destatis": datasource[0], "ifo": datasource[1], "Bundesbank": datasource[2], "Companydata": datasource[3]}

Bei der API von implisense werden Daten im JSON-Format bereitgestellt. Dies bedarf einer näheren Erläuterung.

**Hinweis:**

JSON (engl. Java script object notation) ist ein leichtgewichtiger, menschen- und maschinenlesbarer Syntax zum Speichern und Austauschen von Daten, insbesondere zwischen webbasierten Systemen.[86]

JSON ist Text, der in JavaScript-Objektnotation geschrieben wurde. Das JSON-Format wurde durch das Objekt- und Array-Format inspiriert, das in der Sprache JavaScript vorkommt. Da Python jedoch vor JavaScript erfunden wurde, hat der Syntax von Python für Wörterbücher und Listen den Syntax von JSON beeinflusst. Daher ist das Format von JSON fast identisch zum Python-Syntax und ist vergleichbar mit einer Kombination aus Python-Listen und -Wörterbüchern. Hinzuweisen ist, dass Python bereits eine Bibliothek namens **json** integriert hat, die für die Arbeit mit JSON-Daten für Daten einer API verwendet werden kann.

Hier sind die grundlegenden Schritte zum Abruf von Informationen über eine API dargestellt:

- Beschaffung eines API-Schlüssels für den Dienst,
- Durchführung von Datenanforderungen mit dem API-Schlüssel,
- Darstellung der erhaltenen Daten.

Um Daten von einer API abrufen zu dürfen, muss man sich zuvor für den Dienst registrieren und den sog API-Key beschaffen. Dieser wird Teil der Abfrage, wie noch gezeigt wird. Bei implisense.com können Sie z.B über einen Marktplatz von API, wie www.rapidapi.com einen

86 Vgl. www.json.org

solchen Schlüssel beschaffen, indem Sie die API von implisense.com abonnieren.[87] Sie erhalten dann den erforderlichen API-Schlüssel. In vielen Fällen gibt es eine kostenlose und eine kostenpflichtige Variante der Dienste. Gegebenenfalls ist auch die Anzahl der Abfragen, die eine einzelne Person in einem bestimmten Zeitraum stellen kann, auch beschränkt. Für weitere Integrationen in das Dashboard ist ein Marktplatz wie www.rapidapi.com auf jeden Fall ein Blick wert.

Welche Daten über eine Datenanforderung an einen Dienst beschafft werden können, wird vom Datenmodell des Dienstes bestimmt. Daher wenden Sie sich zunächst dem Datenmodell der API zu, um zu verstehen, welche Daten abgefragt werden können.[88] Nachstehend ein Beispiel der API-Attribute des Objekts „Company data", die mittels eines „Request" – hierzu gleich nachfolgend – abgefragt werden können.

| API-Daten | Beschreibung |
|---|---|
| Name | der offiziele Firmenname der Gesellschaft |
| street | die Straße der Gesellschaft |
| city | der Ort der Gesellschaft |
| email | die E-Mail-Adresse der Gesellschaft |
| url | offizielle Haupt-Webseite der Gesellschaft |
| industries: | die Zugehörigkeit der Gesellschaft zu einer Wirtschaftszweigsklassifikation (z.B. NACE, WZ2008) |
| capital: | das gezeichnete Kapital der Gesellschaft |
| externalIds | weitere Identifikationsnummern der Gesellschaft, wie LEI-, USt-ID- und Handelsregister-Nummer |

Nachdem Sie die verfügbaren Daten und Abfragearten der API kennen, schreiben Sie den Python-Code für die Abfrage bzw. die Datenanforderung. Durch die Verwendung des Pakets „Requests" sind Sie in der Lage, über eine sog. POST-Anfrage eine Verbindung zwischen der Implisense-API (sog. Endpoint) und Python herzustellen.[89] Laden Sie daher die Bibliothek Requests in Ihr Programm.

87 Vgl. https://rapidapi.com/blog/api-glossary/api-key/
88 Vgl. https://docs.implisense.com/api/
89 Zur Beschreibung von Requests s. https://requests.readthedocs.io/en/latest/user/quickstart/

**Beispiel**

import requests

Die wesentlichen Methoden von Requests zum Abruf von Daten über eine Web-API sind:

| Methode | Beschreibung |
|---|---|
| requests.get() | Abrufen von Informationen von einem bestimmten Server unter Verwendung einer bestimmten URI |
| requests.post() | Aufforderung an einen Webserver, die im Textkörper der Nachricht enthaltenen Daten zu akzeptieren bzw. zu speichern |
| requests.put() | Aufforderung, dass die Nachricht unter dem angegebenen URI gespeichert wird |
| requests.delete() | Aufforderung, dass die Nachricht unter dem angegebenen URI gelöscht wird |
| requests.head() | Bei der Head-Methode wird eine Antwort angefordert, die mit der einer Get-Anfrage identisch ist, jedoch ohne den Antwortkörper |

i

**Hinweis:**

URI versus URL:

Im Zusammenhang mit APIs ist der Begriff der URI (engl. **Unified Ressource Identifier**) bedeutsam, der von einer URL (engl. **Uniform Resource Locator**) abzugrenzen ist. Während eine URL gemeinhin eine aufrufbare Webseite darstellt, ist eine URI abstrakter als eine URL und somit nicht zwangsläufig aufrufbar. Dies kann z.B. eine Datei, eine Datenbank oder ein Zeitungsartikel auf einem beliebigen Rechner sein. Nach Stackoverflow gilt hierbei folgender Zusammenhang:[90] In der Datenverarbeitung ist hingegen eine URL eine Teilmenge des Uniform Resource Identifier (URI), der angibt, wo eine identifizierte Ressource verfügbar ist und wie sie abgerufen werden kann.

Den erhaltene API-Schlüssel fügen Sie bei der Anfrage an die API einfach als Teil des POST-Requests als Parameter ein. Nur dann sind Sie autorisiert und werden zum Datenabruf zugelassen, um die Informati-

[90] vgl. https://stackoverflow.com/questions/4239941/difference-between-url-and-uri; s. auch Herold et. al., Grundlagen der Informatik, 2. Aufl. 2012, S. 465 m.w.N.

onen innerhalb von Sekunden abzurufen. Dementsprechend schreiben Sie mit dem nachfolgenden Python-Code einen solchen POST-Requests. In dem Post-Request wird die abzufragende Ressource (URI) eingetragen. Wenn Sie nach mehreren Informationen gleichzeitig suchen, können Sie Schleifen anwenden und sie für weitere Bearbeitungsschritte in einem Dataframe anschließend konsolidieren. Im folgenden Beispiel wurde mit weiteren Streamlit-Elementen, wie einer Texteingabe **st. text_input(),** gearbeitet, um eine einfache Abfrage für die Handelsregisterdaten einer Gesellschaft zu erstellen.

**Beispiel**

```
# Geben Sie die abzufragende Firma und dem Firmensitz ein

inputtext= st.text_input("Search company name")

seat = st.text_input("Sitz")

# Ersetzen Sie den Schlüssel mit Ihrem eigenen Schlüssel

apikey="2467-7888/%€§-fhs355"

# Beschaffen Sie die Daten gemäß Datenanforderung über die API
von implisense.com

url = "https://german-company-data.p.rapidapi.com/companies/
data"

payload = {"active":True, "name": str(inputtext), "city": str(seat)}

headers= {"content-type": "application/json","Content-Type": "appli-
cation/json","Accept": "application/json","X-RapidAPI-Key": apikey,
"X-RapidAPI-Host": "german-company-data.p.rapidapi.com"}

response = requests.request("Post", url, json=payload, headers=hea-
ders)

# Stellen Sie erhaltene Daten dar

st.write(response.text)
```

In dem vorgenannten Code wird zunächst Name und Sitz der Gesellschaft als Parameter abgefragt und als Variablen abgespeichert. Ebenso speichern Sie den API-Schlüssel, gefolgt von der URL, in einer eigenen Variable. Im Unterschied zum Download von Dateien werden bei solchen Abfragen an die Server nur bestimmte Informationen geschickt. Die abgefragte Information verbirgt sich dabei hinter einer passenden URL und dem Parameter "Payload", der die zuvor definierten Variableninhalte aufgreift. Danach rufen Sie mit der vom Requests-Paket bereitgestellten get-Funktion die API auf und speichern die zurückgelieferten Daten in einer neuen Variablen response. Schließlich zeigen Sie diese Daten mit der text()-Methode an.

Hinzuweisen ist, dass bei nicht öffentlichen API im Unterschied zu öffentlichen API regelmäßig ein eigener Schlüssel benötigt wird. Eine Abrechnung erfolgt dabei nach der Anzahl der erfolgten Abfragen („Pay-per-use"). Daher ist es wichtig, den API-Key sicher vor unbefugtem Zugriff Dritter aufzubewahren und zeitlich oder inhaltlich zu beschränken. Dies bedingt von Zeit zu Zeit auch eine entsprechende Aktualisierung.

**Hinweis:**
Eine Verwendung des API-Schlüssels direkt im Code ist gefährlich und daher nicht ratsam. Auf öffentlichen Servern bietet sich hierfür an, Umgebungsvariablen zu definieren, welche den API-Schlüssel aufnehmen, um dann zur Laufzeit des Programms als Variable ausgelesen zu werden. Hierfür bietet sich das Python-Paket **python-dotenv** an.

Allgemein sollte ferner beim Datenabruf mittels API bedacht werden, dass die bereitgestellten Daten möglicherweise nicht auf dem neuesten Stand sind und deren Verfügbarkeit und Genauigkeit der Daten variieren. Sie sollten daher immer die Daten vorab auf Validität und Integriät überprüfen, bevor Sie sie in Ihrer Analyse verwenden.

**Beispiel**

```
json_data = json.loads(response.text)

objects = pd.json_normalize(json_data)

st.dataframe(objects)
```

Mit den obigen Code-Zeilen verwenden Sie die Funktion **json.loads()** aus der Bibliothek „Json“, um die Daten im JSON-Format in ein Python-Wörterbuch zu konvertieren.

Die Funktion **json_normalize()** aus der Pandas-Bibliothek konvertiert bzw. normalisiert die JSON-Daten in einen Pandas-Dataframe. Diese Funktion nimmt ein verschachteltes JSON-Objekt und konvertiert es in ein flaches Dataframe, in dem die verschachtelten Schlüssel mit einem Punkttrennzeichen verkettet werden, um die Spalten zu bilden.

Die letzte Zeile nutzt eine Dataframe-Funktion, welches ein Pandas-Dataframe als Eingabe nimmt und es in der Streamlit-App in einem Tabellenformat anzeigt. Damit stehen die gewünschten Informationen über die Web-API von implisense.com zur Verfügung.

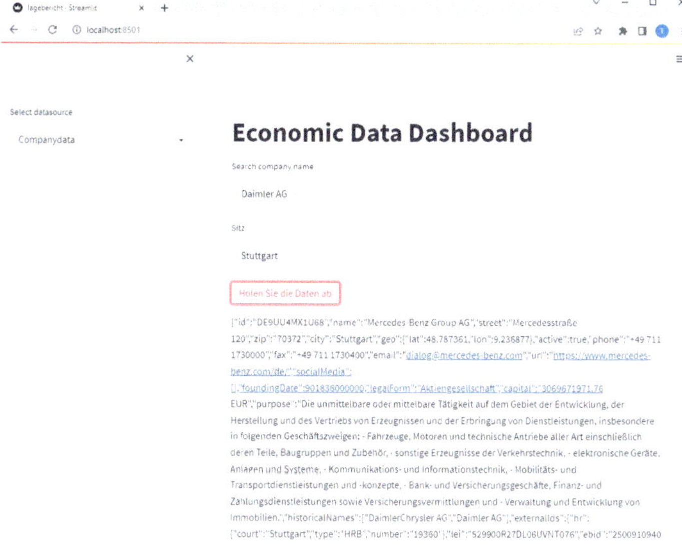


**Abb. 5.12** Ergebnis eines Datenabrufs über die API von implisense.com[91]

[91] Eigene Darstellung; Screenshot: T. Dreixler.

## 5.5 Währungsumrechnung mit einer Daten-Pipeline zur EZB

### 5.5.1 Einführung

Im Rahmen der Währungsumrechnung sind Transaktionen in Fremdwährung in eine Zielwährung (Euro) umzurechnen (§ 256a HGB). Dies wird dadurch bewerkstelligt, dass auf den einschlägigen Webseiten von Banken und Finanzportalen entsprechende Kurse manuell abgefragt und als Vergleichsmaßstab für die tatsächliche Umrechnung verwendet werden. Über die Homepage der EZB steht eine ebenfalls einschlägige Datenquelle bereit. In IT-gestützten Buchhaltungssystemen werden hierfür in der Regel die von der EZB veröffentlichten Umrechnungskurse für die Währungsumrechnung verwendet. Im Rahmen der Abschlussprüfung kann diese Möglichkeit genutzt werden, um entweder die Konfiguration des Systems zu überprüfen (IT General Controls) oder auch einzelne Transaktionen im Rahmen von Einzelfallprüfungshandlungen automatisiert zu überprüfen (ATT).[92] Auch diesmal kann Python hierbei wertvolle Dienste leisten und Ihnen diese Arbeit mit einer Daten-Pipeline abnehmen.[93]

### 5.5.2 Ansatz

Durch das Einrichten einer Daten-Pipeline zwischen der Webseite der EZB und dem lokalen System können die Umrechnungskurse eines bestimmten Datums direkt heruntergeladen werden und mit der Umrechnung von einzelnen Transaktionen verglichen werden. Zur Ermittlung der Devisenkassamittelkurse dürfen nach herrschender Meinung diese Kurse oder die aus den Interbankenmarkt quotierten Kurse abgeleiteten Mittelkurse verwendet werden.[94] Die Euro-Referenzkurse der EZB können daher als relevante Wechselkurse nach § 256a HGB angesehen werden. Die Funktionsweise der so konzipierten Daten-Pipeline ist in der nachfolgenden Abbildung zu sehen.

92 Vgl. IDW: Fragen und Antworten zur praktischen Anwendung von Automatisierten Tools und Techniken (ATT) im Rahmen der Abschlussprüfung, IDW Life 11/2020.

93 Vgl. Dreixler, WP Praxis 10/2021, S. 343.

94 Vgl. IDW RS BFA 4, Tz. 14.

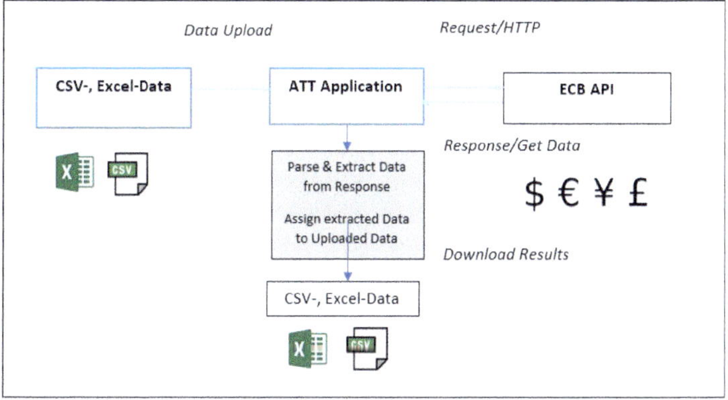


**Abb. 5.13** Business-Logik einer Daten-Pipeline zur EZB[95]

## 5.5.3 Import von Bibliotheken

Zum Ausführen des Programms werden folgende Bibliotheken benötigt:

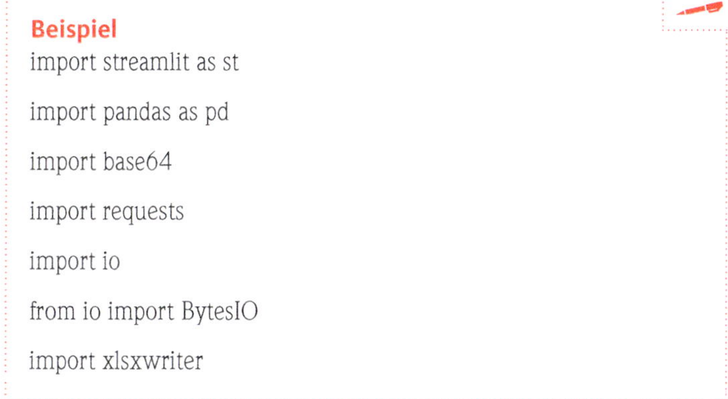
**Beispiel**

```
import streamlit as st

import pandas as pd

import base64

import requests

import io

from io import BytesIO

import xlsxwriter
```

## 5.5.4 Definition eines Datenmodells

Zu Beginn des Einsatzes des ATT gilt es, die Fremdwährungsdaten des Mandanten zum Stichtag zu beschaffen. In einem einfachen Datenanforderungsdokument können hierfür die benötigten Daten nach Art, Form und Umfang näher beschrieben werden. Ein solches Datenmo-

[95] Eigene Darstellung; Entwurf: T. Dreixler.

dell spezifiziert die zu entwickelnde Datenschnittstelle des ATT und legt insoweit fest, welche Daten beim Upload vom Anwender erwartet werden. Im Rahmen der späteren Produktivsetzung ist ein solches Dokument von besonderem Wert, weil es beschreibt, welche Daten vom Anwender des ATT beschafft und aufbereitet werden müssen, um vom ATT ohne Fehler verarbeitet werden zu können. Im vorliegenden Anwendungsfall kann ein solches Datenmodell beispielhaft wie folgt konzipiert werden:

| # | Feldname | Beschreibung | Datentyp | Datenregel |
|---|---|---|---|---|
| 1 | Nr | Nummer der umzurechnenden Position | Text | Pflicht |
| 2 | SaldoFW | Saldo in FW der umzurechnenden Position | Numerisch | Pflicht |
| 3 | WKZ | Währungskennzeichen (z.B. USD) gemäß ECB-Nomenklatur | Text | Pflicht |
| 4 | SaldoEUR | Manuell umgerechneter Betrag | Numerisch | Pflicht |

**Hinweis:**
Bei den im Einsatzszenario zu beschaffenden Daten handelt es sich um strukturierte Transaktionsdaten aus dem Nebenbuch. Eine Beschaffung von Systemdaten ist grundsätzlich auch denkbar.[96] Dabei hat sich der Prüfer nach allgemeinen Grundsätzen des F & A zu den ATT davon zu überzeugen, dass die zu beurteilenden Daten des Mandanten vollständig sind und mit denen im IT-System des Mandanten übereinstimmen, um sicherzustellen, dass der Prüfungsgegenstand zutreffend abgegrenzt ist (Datenvalidierung, engl. Data validation).[97] Im vorliegenden Fall soll die Annahme gesetzt werden, dass der zu prüfende Datensatz als Teilextrakt eines GoBD-Datensatzes resultiert, der zuvor erfolgreich validiert werden konnte.

### 5.5.5 Datei-Upload und Parametrisierung

Zunächst wird wieder auf das Upload-Element von Streamlit **st.file_uploader()** zurückgegriffen, das den Anforderungen des Datenmodells

96 Vgl. ATT 4.2.2.
97 Vgl. ATT 4.1.3.

genügt. Dieses übernimmt den Upload und temporäre Zwischenspeicherung der Daten in den Cache der Applikation (z.B. aus einer CSV-Datei), die als kurzfristige Runtime lediglich während der Ausführung des ATT existiert. Anhand des Codes sind die Anforderungen an die zu beschaffende Datei zu sehen, nämlich die Felder SaldoFW, WKZ und SaldoEUR neben der Zeilennummer (Nr.). Um die Abfrage vollständig zu spezifizieren, ist die Bestimmung des Stichtags (hier: Abschlussstichtag) als weiterer Parameter erforderlich. Die Eingabe des Stichtags erfolgt ebenfalls über das entsprechende Streamlit-Element **st.date_input()**.

**Beispiel**

```
st.title('Daten-Pipeline zur EZB')

st.markdown(f'*Version 0.1.0*')

st.header('Währungsumrechnung zu einem bestimmten Stichtag')

uploaded_file = st.file_uploader('Wählen Sie eine CSV-Datei aus.', type='csv', key=5)

if uploaded_file is not None:

    cols=['Nr', 'SaldoFW', 'WKZ', 'SaldoEUR']

    data = pd.read_csv(uploaded_file, engine='python', sep=';', header=0, names = cols, thousands='.', decimal=',')

else:

    st.write("**Bitte laden Sie eine Datei hoch. Überprüfen Sie vorab die Codierung der Datei.**")

st.subheader("Bewertungsstichtag")

value_date= st.date_input('Bewertungsstichtag eingeben', key=10)
```

### 5.5.6 Durchführung der Web-Abfrage per XML

Es gibt zwei gängige Formate, die im Allgemeinen für den Datenaustausch über das Internet verwenden. Die eXtensible Markup Language (XML) wird schon seit Langem verwendet und eignet sich am besten für den Austausch von dokumentenähnlichen Daten. Wenn Programme nur Wörterbücher, Listen oder andere interne Informationen untereinander austauschen wollen, verwenden sie stattdessen nur Daten im

Format JavaScript Object Notation (JSON). JSON hat sich schnell zum bevorzugten Format für den Datenaustausch zwischen fast allen Anwendungen entwickelt, da sein Syntax im Vergleich zu XML relativ einfach gebaut ist. Die folgende Web-Abfrage basiert nun auf dem XML-Format, nachdem zuvor bereits eine Web-Abfrage mit dem JSON-Format behandelt wurde.[98]

XML sieht HTML sehr ähnlich, ist aber stärker strukturiert als HTML.[99] Mit Python ist es einfach, aus XML-Dokumenten einige Datenelemente zu extrahieren und zu analysieren.

Die benötigten Daten (Wechselkurse) liegen als XML-Daten vor und können über das Web bei der EZB abgefragt werden (API). Diese API enthält die Regeln, die für den Zugriff befolgt werden müssen. Ein API-Schlüssel ist hier nicht erforderlich und damit entfällt auch eine weitere Authentifizierung und Autorisierung (**Open data source**).

Der Einstiegspunkt (engl. **Entrypoint**) für die Datenabfrage ist die https-Adresse des Data Warehouse der EZB.[100] Zusätzlich umfasst der Request weitere Paramater, wie „ressource" und „flowRef", um die benötigten Daten-Ressource (URI) vom EZB-Server herunterladen zu können.[101]

**Beispiel**

```
# Bestimmen Siezunächst die URL für die Daten-Ressource auf dem EZB-Server

entrypoint = 'https://sdw-wsrest.ecb.europa.eu/service/' # Using protocol 'https'

resource = 'data'        # The resource for data queries is always'data'

flowRef ='EXR'           # Dataflow
```

98 Vgl. Abschnitt 5.4.7.

99 Siehe auch Herold et. al., aaO., S. 480 ff. m.w.N. Für ein Beispiel siehe die Index.xml des Beschreibungsstandards im DSFinVK-Export für eine Registrierkasse vgl. https://www.bzst.de/DE/Unternehmen/Aussenpruefungen/DigitaleSchnittstelleFinV/digitaleschnittstellefinv_node.html

100 Allgemein ist die aufrufbare Adresse (URL): https://sdw.ecb.europa.eu/

101 Zu den Begriffen URI und URL sowie zu deren Abgrenzung siehe auch Abschnitt 5.4.7.

Danach wird eine neue Methode **getRestAPIKeyactual()** mit den beiden Parametern *x* und *y* definieren, welche die Anfrage im Hinblick auf die abzufragende Währung und Stichtage als Anfangs- bzw. Endperiode spezifizieren, die in den zuvor hochgeladenen Daten enthalten sind. Die Parameter stellen sicher, dass durch die Abfrage eine eindeutige Identifikation der Daten-Ressource erfolgt.

**Beispiel**

```
def getRestAPIKeyactual(x, y):

    key = 'D'+'.'+str(x)+'.'+'EUR.SP00.A'+'?startPeriod='+str(y)+
'&endPeriod='+str(y)

    return key

# Ein Beispiel

#    https://sdw-wsrest.ecb.europa.eu/service/data/EXR/D.CHF.
EUR.SP00.A
```

Nachdem nun die Daten hochgeladen wurden und nach der Betätigung der Checkbox nochmals geprüft werden können, soll die Anfrage an den Server der EZB über ein klassisches Request-/Response-Modell gestartet werden. Der nachstehende Code implementiert eine entsprechende Anfrage.

# Datenpipeline zur EZB

*Version 0.1.0*

## Währungsumrechnung zu einem bestimmten Stichtag

Wählen Sie eine CSV-Datei aus.

Drag and drop file here
Limit 200MB per file • CSV

Browse files

**Bitte laden Sie eine Datei hoch. Überprüfen Sie vorab die Kodierung der Datei.**

## Bewertungsstichtag

Bewertungsstichtag eingeben

2023/02/14

**Abb. 5.14** Oberfläche der App mit Upload-Element und Parametereingabe für den Stichtag[102]

**Beispiel**

```
if st.checkbox('Hochgeladene Daten anzeigen', key=11):
    st.dataframe(data.head())
if st.checkbox('Wechselkurse von EZB holen'):
    data['Stichtag'] = value_date
    data2=data[['WKZ', 'Stichtag']]
    entrypoint = 'https://sdw-wsrest.ecb.europa.eu/service/'
    resource = 'data'
    flowRef ='EXR'
    def getRestAPIKeyactual(x, y):
        key = 'D.'+str(x)+'.'+'EUR.SP00.A'+'?startPeriod='+str(y)+
        '&endPeriod='+str(y)
```

[102] Eigene Darstellung; Screenshot: T. Dreixler.

```
    return key
urllist=[]
for ind in data2.index:
    keyAPI_actual = getRestAPIKeyactual(data2['WKZ'][ind], da-
    ta2['Stichtag'][ind])
    request_url = entrypoint + resource + '/'+ flowRef + '/' +
    keyAPI_actual
    urllist.append(str(request_url))
listExr = []
for item in urllist:
    response = requests.get(item, headers={'Accept': 'text/csv'})
    df = pd.read_csv(io.StringIO(response.text))
    st.write(df.head())
    ex=df["OBS_VALUE"].values
    listExr.append(ex)
df3 = pd.DataFrame(listExr,columns=['ExRate'])
df=pd.concat([data, df3], axis=1)
```

Man beachte beim Durchsehen des Codes, wie einfach die Nutzung des get-Requests ist: Der Einstiegspunkt für die Datenabfrage ist die https-Adresse des Data Warehouse der EZB. Zusätzlich umfasst der Request weitere fixe Paramater, wie „ressource“ und „flowRef“, um die benötigten Daten vom EZB-Server herunterladen zu können. Für den Stichtag 14.02.2023 erzeugt die Funktion folgende spezifische URL, welche auf die relevante Daten-Ressource zeigt:

**Beispiel**

URL für den Abruf des EUR-US-Dollar-Kurses der EZB vom 14.02.2023

https://sdw-wsrest.ecb.europa.eu/service/data/EXR/D.USD.EUR.SP00.A?startPeriod=2023-02-14&endPeriod=2023-02-14

Dieser Link stellt die Daten unmittelbar als Datei zum Download bereit. Eine weitere Verarbeitung wäre an dieser Stelle entbehrlich. Sie wollen aber jetzt noch weitergehen und diese Daten mit unserem Datensatz direkt verknüpfen, um eine Umrechnungsdifferenz zu ermitteln. Daher wird auch noch der Rest des Codes benötigt:

Der Entrypoint der EZB-API wird in einer Schleife für jeden einzelnen Datensatz, der in den zuvor hochgeladenen Daten enthalten ist, angefragt. Die Response der API wird in einer Liste gespeichert, wobei lediglich der Wert „Obs-Value“ (Abkürzung für Observation Value) des einzelnen Datensatzes als offizieller Wechselkurs abgespeichert wird. Im Ergebnis entspricht dies den zu erfragenden Kursen, die für die Fremdwährungsumrechnung herangezogen werden können. Der Code ist rudimentär und fängt keine „Not-Found-Fehler“ ab. Ebenfalls ist der Code im Hinblick auf gleichzeitige Anfragen durch Implementierung einer asynchronen Verarbeitung der Anfragen noch verbesserungsfähig. Der Funktionalität des ATT tut das gleichwohl keinen Abbruch.

Die abgefragten Daten werden schließlich noch in ein Dataframe geschrieben, die sodann an die ursprüngliche Tabelle mit den zu überprüfenden Fremdwährungen angehängt wird. Diese Tabelle enthält somit die Originaldaten, d.h. sowohl den Fremdwährungsbetrag, den umgerechneten Euro-Betrag als auch den für die Umrechnung verwendeten EZB-Referenzkurs.

**Beispiel**

```
df20 = pd.DataFrame(listExr10,columns=['ExRate'])

data2=data20.merge(df20, left_index=True, right_index=True)
```

Mit dem abschließenden Code-Snippet wird die Umrechnung der im hochgeladenen Datensatz enthaltenen Fremdwährungsbeträge und Währungskennzeichen mit dem entsprechenden EZB-Referenzkurs durchgeführt und eine rechnerische Differenz zwischen dem zu überprüfenden Euro-Betrag des Datensatzes (Ist-Umrechnung) und dem mittels EZB-Referenzkursen umgerechneten Betrag (Soll-Umrechnung) ermittelt. Die letzte Zeile berechnet schließlich eine Gesamtdifferenz für den Datensatz als absoluten Fehler.

**Beispiel**

```
df2 = pd.merge(data1, data2, on=['WKZ', 'Stichtag'])

df2['EUR_CONV_AUDIT'] = df2['SaldoFW']/df2['ExRate']

df2['AUD_DIFF']=df2['SaldoEUR']-df2['EUR_CONV_AUDIT']

sum2=sum(df2['AUD_DIFF'])
```

Das so berechnete Dataframe lässt sich abschließend bei Bedarf als Excel- oder CSV-Datei schreiben und herunterladen. Dies gelingt mit dem Code-Snippet, der bereits unter Abschnitt 5.2 dargestellt wurde.

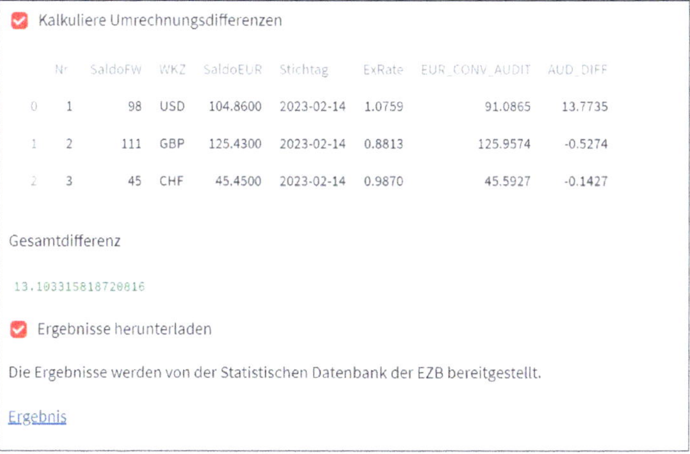


| | Nr | SaldoFW | WKZ | SaldoEUR | Stichtag | ExRate | EUR_CONV_AUDIT | AUD_DIFF |
|---|---|---|---|---|---|---|---|---|
| 0 | 1 | 98 | USD | 104.8600 | 2023-02-14 | 1.0759 | 91.0865 | 13.7735 |
| 1 | 2 | 111 | GBP | 125.4300 | 2023-02-14 | 0.8813 | 125.9574 | -0.5274 |
| 2 | 3 | 45 | CHF | 45.4500 | 2023-02-14 | 0.9870 | 45.5927 | -0.1427 |



**Abb. 5.15** Ergebnis der Web-Abfrage von der EZB mit Ermittlung einer Gesamtumrechnungsdifferenz[103]

## 5.6 Basiszinsermittlung

Der Basiszinssatz stellt die risikolose Komponente im Kapitalisierungszinssatz einer Unternehmensbewertung dar und ist daher stets zu ermitteln. Er berechnet sich auf Grundlage von Bundesbankdaten zu Renditen börsennotierter Bundeswertpapiere. Solche Anleihen stellen im Allgemeinen die sicherste, verzinsliche Investitionsmöglichkeit dar,

[103] Eigene Darstellung; Screenshot: T. Dreixler.

weshalb ihre Rendite auch als Mindestrendite einer jeden Investition erachtet werden kann. Technisch leitet sich der Zins als barwertäquivalenten einheitlichen Basiszinssatzes aus den realisieren Renditen der verschiedenene Laufzeiten (Zinsstrukturkurve) ab.[104] Solche Renditen lassen sich für Laufzeiten bis zu 30 Jahren beobachten. Die herrschende Meinung in Praxis und Literatur empfiehlt, den Basiszins mithilfe der Svensson-Formel zu ermitteln. Da die Parameter zur Renditebestimmung nach Svensson von der Bundesbank öffentlich zugänglich sind, liegt es nahe, die Daten automatisiert zu beschaffen, aufzubereiten und den Basiszins zu ermitteln und für diese Aufgabe Python zu verwenden. [105]

### 5.6.1 Methoden zur Zinsbestimmung

Bei dem von Svensson vorgeschlagenen Verfahren[106] wird unterstellt, dass die Zinsstrukturkurve eine stetige Funktion der Zeit ist, die sich durch die nachfolgende Funktionsgleichung beschreiben lässt. Dabei wird in der Regel auf die Zinsstrukturdaten der Deutschen Bundesbank zurückgegriffen. Entsprechend dem Modell sind sechs Parameter b0, b1, b2, b3, t1 und t2 erforderlich, um die Rendite entsprechender Wertpapiere für eine bestimmte Laufzeit zu berechnen. Die Parameter werden von der Bundesbank börsentäglich zum Download auf deren Webseite zur Verfügung gestellt:[107]

$$r_{r,t} = \beta_0 + \beta_1 \left( \frac{1-e^{-\frac{t}{\tau_1}}}{\frac{t}{\tau_1}} \right) + \beta_2 \left( \frac{1-e^{-\frac{t}{\tau_1}}}{\frac{t}{\tau_1}} - e^{-\frac{t}{\tau_1}} \right) + \beta_3 \left( \frac{1-e^{-\frac{t}{\tau_2}}}{\frac{t}{\tau_2}} - e^{-\frac{t}{\tau_2}} \right)$$

**Abb. 5.16** Svensson-Formel zur Schätzung der laufzeitabhängigen Null-Kupon-Renditen

104 Vgl. WPH Edition, Bewertung und Transaktionsberatung, 2018, S. 135 ff.

105 Ein Berechnungsbeispie zur Ableitung des Basiszinssatzes, auf das sich der folgende Python-Code bezieht, ist in der Anlage zu IDW: Zur praktischen Anwendung der Grundsätze zur Durchführung von Unternehmensbewertungen nach IDW S 1 i.d.F. 2008 (F & A zu IDW S 1 i.d.F. 2008) dargestellt.

106 Vgl. Svensson (1995), Estimating Forward Interest Rates with the Extended Nelson & Siegel Method, Riksbank Economic Review 3/1995, als Erweiterung zu Nelson/Siegel (1987), Parsimonious Modeling of Yield Curves, The Journal of Business 4/ 1987.

107 Vgl. https://www.bundesbank.de/de/statistiken/geld-und-kapitalmaerkte/zinssaetze-und-renditen/taegliche-zinsstruktur-fuer-boersennotierte-bundeswertpapiere-650724

Auf Basis dieser Formel ergibt sich eine Zinsstrukturkurve, die beispielsweise für den 01.11.2022 nachfolgende Aussehen hat.

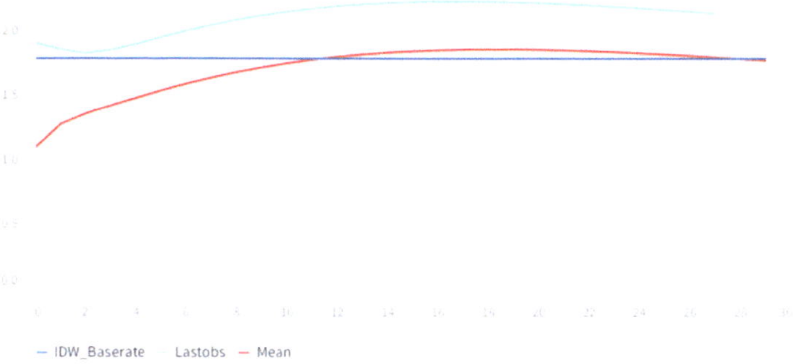


**Abb. 5.17** Darstellung der Zinsstrukturkurve zum 1.11.2022[108]

Die visuelle Darstellung bezieht sich auf die Daten der letzten 90 Tage (3 Monate) zum genannten Zeitpunkt. Das Liniendiagramm zeigt die laufzeitabhängigen Zinsen (Renditen) entsprechender risikoloser Bundeswertpapiere mit einer Laufzeit bis zu 30 Jahre, wobei die Laufzeit auf der horizontalen X-Achse und die Zinsen auf der vertikalen Y-Achse abgetragen werden. Es sind drei Linien zu erkennen, eine blaue, eine rote und eine hellblaue Linie. Mit Rot werden die laufzeitabhängigen durchschnittlichen Zinsen für den genannten Zeitraum, mit Hellblau die letzte Observation der Zinsen zu dem Zeitpunkt und mit Blau der einheitliche Basiszins für diesen Zeitraum dargestellt. Es sei angemerkt, dass der Basiszins auf einen Viertel-Prozentpunkt bzw. seit August 2016 bei Zinssätzen unter 1,00 % auf einen Zehntel-Prozentpunkt zu runden ist.[109]

Zum einen erkennt man in dem Diagramm die ab der Laufzeit von 2 Jahren eintretende unregelmäßige Form der Zinsstrukturkurve. Zum anderen ist zum Zeitpunkt der Abfrage ein Anstieg der Zinsen für jede Laufzeit im Vergleich zum Durchschnitt der letzten 90 Tage festzustellen. Somit resultiert aus der Schätzung der risikolosen Zinssätze (auch Null-Kupon-Zinssätze bzw. Zerobond-Zinssätze genannt) mittels Svensson-Formel eine nichtflache Zinskurve. Das bedeutet, dass für die Diskontierung sicherer Zahlungen zu unterschiedlichen Zeitpunkten unterschiedliche Zinssätze herangezogen werden.

108 Eigene Darstellung; Screenshot: T. Dreixler.
109 Vgl. F & A zu IDW S 1 i.d.F. 2008, Abschnitt 4.2.

**Hinweis:**
Zu beachten ist dabei Folgendes: Der Fachausschuss für Unternehmensbewertung und Betriebswirtschaft des IDW (FAUB) hat vor dem Hintergrund des anhaltenden Niedrigzinsumfeldes eine klarstellende Ergänzung in den F & A zu IDW S 1 i.d.F. 2008 (Anlage zu Frage 3.2) verabschiedet, wonach bei der Ableitung des barwertäquivalenten einheitlichen Basiszinssatzes die Anwendung der dort angegebenen Formel des Barwertfaktors für Laufzeiten von mehr als 30 Jahren voraussetzt, dass der Zinssatz im Jahr 30 die angesetzte langfristige Wachstumsrate übersteigt. Andernfalls ist bei dem Berechnungsmodell zur Ableitung eines barwertäquivalenten einheitlichen Basiszinssatzes ein hinreichend langer Zeitraum zugrunde zu legen.[110]

### 5.6.2 Schritte der Ermittlung

Die Ermittlung des Basiszinssatzes mittels Python kann in folgende Schritte zerlegt werden:

1. Webcrawling der sechs Parameter,
2. Aufbereitung und Einsetzen der gecrawlten Daten in die Svensson-Formel,
3. Aufstellen der Rendite-Matrix für alle Restlaufzeiten und für alle Beobachtungszeitpunkte,
4. Ableitung des barwertäquivalenten Basiszinssatzes.

### 5.6.3 Umsetzung in Python

Legen Sie eine Datei basiszins.py mit der folgenden Struktur an:

**Beispiel**

```
# Import der Bibliotheken

def main():

    st.title('IDW Basiszins Berechnung')

    # Erfassen Sie hier Ihren weiteren Code

if __name__ == "__main__":

    main()
```

110 Vgl. IDW FAUB, BB 2017, 490.

In dem Programm ist zunächst eine Funktion mit dem Namen „main" zu definieren, die Sie mit Ihren Namen vom Python-Interpreter später aufrufen können. Fügen Sie danach der App einen Titel für die Bezeichnung des Programms hinzu.

Zum Ausführen des Dashboards werden neun Bibliotheken benötigt, die Sie im o.g. Platzhalter noch einfügen:

**Beispiel**

```
import streamlit as st
import pandas as pd
import numpy as np
from numpy import exp
import base64
from functools import reduce
import io
from io import BytesIO
import xlsxwriter
import math
from dateutil.relativedelta import relativedelta
```

Nach dem Aufruf des Programms mit dem Befehl „streamlit run basiszins.py" erscheint das Programm im Browser:

**Abb. 5.18** Basisoberfläche der Streamlit-App[111]

111 Eigene Darstellung; Screenshot: T. Dreixler.

Dem Programm können Sie nun die folgende Struktur mitgeben:

- Erfasse zunächst den Stichtag der Berechnung.
- Sammle die Parameterdaten für den Stichtag.
- Bereite die Daten auf.
- Stelle ein Zwischenergebnis dar.
- Basierend auf dem Zwischenergebnis berechne den Basiszinssatz.
- Stelle das Ergebnis der Berechnung dar und visualisiere die Zinsstrukturkurve.

**Abb. 5.19** Grundstruktur der Streamlit-App[112]

### 5.6.4 Stichtag der Ermittlung auswählen

Im Folgenden soll nun der Stichtag der Zinssatzermittlung eingegeben werden. Dies erfolgt mit folgendem Code:

**Beispiel**

```
st.sidebar.subheader("Stichtag der Berechnung")

d = st.sidebar.date_input("Geben Sie den Tag ein?", key=25)

start_date = d +relativedelta(months=-3)
```

Der Code verwendet das Streamlit-Eingabefeld **st.date_input()**, mit dem der Anwender ein Datum erfassen kann. Nach Ansicht des IDW basiert der Basiszins auf dem 3-Monatsmittel solcher Renditen. Hintergrund einer solchen Durchschnittszinsstruktur ist die Glättung kurzfristiger Marktschwankungen sowie möglicher Schätzfehler. Daher wird danach ausgehend von dem eingegebenen Bewertungsstichtag der

[112] Eigene Darstellung; Screenshot: T. Dreixler.

erste Tag eines drei Monate zurückliegenden Zeitraums ermittelt und der Variable *start_date* zugewiesen.

### 5.6.5 Webcrawling der Parameter

Die in der o.g. Formel genannten Parameter stehen auf der Webseite der Bundesbank zum Download bereit. Mit dem folgenden Code laden Sie die relevanten Parameter herunter:

**Beispiel**

```
if st.checkbox('Start collecting interest term structure data from German Bundesbank'):

    beta0="https://www.bundesbank.de/statistic-rmi/StatisticDownload?tsId=BBSIS.D.I.ZST.B0.EUR.S1311.B.A604._Z.R.A.A._Z._Z.A&its_csvFormat=de&its_fileFormat=csv&mode=its"

paramb0 = pd.read_csv(beta0, sep=';', header='infer', skiprows=[0,1,2,3,4], usecols=[0,1], names=['date', 'beta0'], decimal=',')

beta1="https://www.bundesbank.de/statistic-rmi/StatisticDownload?tsId=BBSIS.D.I.ZST.B1.EUR.S1311.B.A604._Z.R.A.A._Z._Z.A&its_csvFormat=de&its_fileFormat=csv&mode=its"

    paramb1 = pd.read_csv(beta1, sep=';', header='infer', skiprows=[0,1,2,3,4], usecols=[0,1], names=['date', 'beta1'], decimal=',' )

    beta2="https://www.bundesbank.de/statistic-rmi/StatisticDownload?tsId=BBSIS.D.I.ZST.B2.EUR.S1311.B.A604._Z.R.A.A._Z._Z.A&its_csvFormat=de&its_fileFormat=csv&mode=its"

    paramb2 = pd.read_csv(beta2, sep=';', header='infer', skiprows=[0,1,2,3,4], usecols=[0,1], names=['date', 'beta2'], decimal=',' )

    beta3="https://www.bundesbank.de/statistic-rmi/StatisticDownload?tsId=BBSIS.D.I.ZST.B3.EUR.S1311.B.A604._Z.R.A.A._Z._Z.A&its_csvFormat=de&its_fileFormat=csv&mode=its"
```

```
paramb3 = pd.read_csv(beta3, sep=';', header='infer', skiprows=[0,1,2,3,4], usecols=[0,1], names=['date', 'beta3'], decimal=',' )

tau1=" https://www.bundesbank.de/statistic-rmi/StatisticDownload?tsId=BBSIS.D.I.ZST.T1.EUR.S1311.B.A604._Z.R.A.A._Z._Z.A&its_csvFormat=de&its_fileFormat=csv&mode=its"

paramtau1 = pd.read_csv(tau1, sep=';', header='infer', skiprows=[0,1,2,3,4], usecols=[0,1], names=['date', 'tau1'], decimal=',')

tau2=" https://www.bundesbank.de/statistic-rmi/StatisticDownload?tsId=BBSIS.D.I.ZST.T2.EUR.S1311.B.A604._Z.R.A.A._Z._Z.A&its_csvFormat=de&its_fileFormat=csv&mode=its"

paramtau2 = pd.read_csv(tau2, sep=';', header='infer', skiprows=[0,1,2,3,4], usecols=[0,1], names=['date', 'tau2'], decimal=',')

st.write("First dataset beta0")

st.write(paramb0)
```

Um es kurz zu erläutern: Der Code liest die CSV-Dateien für die Svensson-Parameter, die z.B. unter der mit beta0 gekennzeichneten URL heruntergeladen werden können. Danach werden diese Dateien mit der Pandas-Methode **read_csv()** mit bestimmten Einstellungen für die Parameter *sep, header, skiprows* etc. gelesen.

### 5.6.6 Aufbereitung der gecrawlten Daten

Die zuvor beschafften Daten müssen vor einer weiteren Verarbeitung noch weiter aufbereitet werden.

**Beispiel**

```
paramb0['beta0'] = pd.to_numeric(paramb0['beta0'].str.replace(",", "."), errors='coerce')

paramb0['beta0'] = paramb0['beta0'].astype(float)

paramb0['date'] = pd.to_datetime(paramb0.date)
```

```
paramb0.dropna(subset=['beta0'], inplace = True)
paramb1['beta1'] = pd.to_numeric(paramb1['beta1'].str.replace(",", "."), errors='coerce')
paramb1['beta1'] = paramb1['beta1'].astype(float)
paramb1.dropna(subset=['beta1'], inplace = True)
paramb1['date'] = pd.to_datetime(paramb1.date)
paramb2['beta2'] = pd.to_numeric(paramb2['beta2'].str.replace(",", "."), errors='coerce')
paramb2['beta2'].astype(float)
paramb2.dropna(subset=['beta2'], inplace = True)
paramb2['date'] = pd.to_datetime(paramb2.date)
paramb3['beta3'] = pd.to_numeric(paramb3['beta3'].str.replace(",", "."), errors='coerce')
paramb3['beta3'].astype(float)
paramb3.dropna(subset=['beta3'], inplace = True)
paramb3['date'] = pd.to_datetime(paramb3.date)
paramtau1['tau1'] = pd.to_numeric(paramtau1['tau1'].str.replace(",", "."), errors='coerce')
paramtau1['tau1'].astype(float)
paramtau1.dropna(subset=['tau1'], inplace = True)
paramtau1['date'] = pd.to_datetime(paramtau1.date)
paramtau2['tau2'] = pd.to_numeric(paramtau2['tau2'].str.replace(«,», «.»), errors='coerce')
paramtau2['tau2'].astype(float)
paramtau2.dropna(subset=['tau2'], inplace = True)
paramtau2['date'] = pd.to_datetime(paramtau2.date)


dfs = [paramb0, paramb1, paramb2, paramb3, paramtau1, paramtau2]
```

```
merge = reduce(lambda left,right: pd.merge(left,right,on='da-
te',how='outer'), dfs)


# Mit dem folgenden Code wandeln Sie die Spalte "date" in ein Da-
tumsobjekt um

merge['date'] = pd.to_datetime(merge['date']).dt.date

# Danach filtern Sie das Dataframe im Hinblick auf den benötigten
Zeitraum

mask = (merge['date'] > start_date) & (merge['date'] <= d)

merge=merge.loc[mask]
```

Im ersten Teil des Codes bereiten Sie die Parameter-Werte mit Pandas auf, und zwar für jeden dieser Werte wie folgt: Die Parameter-Werte einer Spalte werden in ein numerisches Format umgewandelt, wobei die deutsche durch die amerikanische Dezimaltrennung ersetzt wird und dann in den Datentyp Float umgewandelt wird. Anschließend wird die Datumsspalte in den Datentyp Datetime formatiert und fehlende Werte, z.B. an Feiertagen, mit dem Wert NaN entfernt. Danach werden die so aufbereiteten Tabellen für die einzelnen Paramter zu einer einheitlichen Tabelle über den gemeinsamen Schlüssel der Datumsspalte mit einem Outer-Join verbunden und in der Variablen „Merge“ als Dataframe gespeichert. Die Datumsspalte der Tabelle in Merge wird sodann in den Datentyp Datetime umgewandelt, wobei gleichzeitig das Datum ohne die Zeitangabe extrahiert wird, auf die es nicht ankommt.

Zum Schluss werden die Parameter-Werte aus der Tabelle für den zurückliegenden 3-Monatszeitraum ab dem eingegeben Stichtag geflltert.

Das so berechnete Dataframe lässt sich abschließend bei Bedarf als Excel- oder CSV-Datei schreiben und herunterladen, um so z.B. für Dokumentationszwecke genutzt zu werden. Dies gelingt mit dem Code-Snippet, der bereits unter Abschnitt 5.2 dargestellt wurde.

**Abb. 5.20** Fertige Streamlit-App zur Basiszinsermittlung[113]

| | date | beta0 | beta1 | beta2 | beta3 | tau1 | tau2 |
|---|---|---|---|---|---|---|---|
| 6380 | 2022-09-29 | 1,62908 | -6,90794 | 6,28725 | 2,15493 | 0,16501 | 7,16982 |
| 6381 | 2022-09-30 | 1,42768 | -8,76121 | 8,71462 | 2,52787 | 0,14788 | 8,9289 |
| 6382 | 2022-10-03 | 1,38602 | -5,56934 | 5,99712 | 2,67688 | 0,18745 | 9,13491 |
| 6383 | 2022-10-04 | 0,90374 | -3,58576 | 5,33584 | 3,38223 | 0,22853 | 10,48547 |
| 6384 | 2022-10-05 | 1,05709 | -2,92146 | 4,34138 | 3,35101 | 0,26585 | 10,13387 |
| 6385 | 2022-10-06 | 1,32179 | -3,21662 | 3,87987 | 2,52051 | 0,25212 | 9,25618 |
| 6386 | 2022-10-07 | 1,32816 | -3,35426 | 4,27845 | 2,83307 | 0,27394 | 8,67323 |
| 6387 | 2022-10-10 | 1,14105 | -3,39303 | 4,97886 | 3,67763 | 0,27968 | 9,52628 |
| 6388 | 2022-10-11 | 1,341 | -2,98075 | 4,02759 | 3,58089 | 0,29207 | 9,64416 |
| 6389 | 2022-10-12 | 1,09048 | -2,64249 | 4,34157 | 4,68857 | 0,31154 | 10,16968 |
| 6390 | 2022-10-13 | 1,04313 | -2,48187 | 4,46872 | 4,68758 | 0,31281 | 10,15479 |
| 6391 | 2022-10-14 | 1,05564 | -2,31214 | 4,41219 | 4,31206 | 0,33611 | 10,46933 |
| 6392 | 2022-10-17 | 1,03413 | -2,19203 | 4,45573 | 4,59013 | 0,37054 | 11,03587 |
| 6393 | 2022-10-18 | 1,20407 | -2,13826 | 4,10398 | 4,2249 | 0,39602 | 10,72513 |
| 6394 | 2022-10-19 | 1,24731 | -1,86285 | 3,84969 | 3,95859 | 0,44166 | 10,16875 |
| 6395 | 2022-10-20 | 1,25484 | -1,76041 | 3,94562 | 4,16904 | 0,49155 | 9,9967 |
| 6396 | 2022-10-21 | 1,63102 | -2,51121 | 3,729 | 3,20454 | 0,38661 | 10,38292 |
| 6397 | 2022-10-24 | 1,29522 | -2,16767 | 3,97305 | 4,15583 | 0,39518 | 10,48803 |

**Abb. 5.21** Gecrawlte Svensson-Parameter nach Download als Excel-Datei[114]

### 5.6.7 Aufstellen der Rendite-Matrix für alle Restlaufzeiten und für alle Beobachtungszeitpunkte

Zum Schluss müssen die Parameter-Werte noch in die Svensson-Formel eingesetzt werden. Hierfür wird die Svensson-Formuel in einer neuen Funktion definiert, der Sie die beschafften Svensson-Parameter als Para-

[113] Eigene Darstellung; Screenshot: T. Dreixler.

[114] Eigene Darstellung; Screenshot: T. Dreixler.

meter mitgeben. Achten Sie auf das Argument *args in dieser Funktion. Dahinter verbergen sich die unterschiedlichen Restlaufzeiten, für die eine Zinsberechnung erfolgen soll, nämlich 1, 2, ... 30 Jahre.

**Beispiel**

```
def forward(beta0,beta1,beta2, beta3, tau1, tau2, *args):
    mylist=[]
    for arg in args:
        exp_tt0 = (1-exp(-arg/tau1))/(arg/tau1)
        exp_tt1 = (1-exp(-arg/tau2))/(arg/tau2)
        zero = beta0 + beta1*exp_tt0 +beta2*(exp_tt0-exp(-arg/
        tau1)) + beta3*(exp_tt1-exp(-arg/tau2))
        mylist.append(zero)
    return mylist
numbers=[1, 2, 3, 4, 5, 6, 7, 8, 9, 10, 11, 12, 13, 14, 15, 16, 17,
18, 19, 20, 21, 22, 23, 24, 25, 26, 27, 28, 29, 30]
merge['rates'] = merge.apply(lambda row: forward(row['beta0'],
row['beta1'], row['beta2'], row['beta3'], row['tau1'], row['tau2'],
*numbers), axis = 1)
zeros_df = merge["rates"].apply(pd.Series) # Zinssätze bis t<=30
values=merge["date"].tolist()
zeros_df.insert(loc=0, column="dates", value=values)
st.write("Forward zero rates")
st.write(zeros_df)
```

Nach der Initialisierung der Funktion **forward()** und dem Einsetzen der definierten Parameter-Werte werden in die Spalte „rates" die Null-Kupon-Zinssätze für die entsprechenden Restlaufzeiten geschrieben und danach in ein neues Dataframe „zeros_df" übernommen. Da dieses neue Dataframe nach der Übernahme bislang keine Datumsspalte kennt, werden diese Werte einfach aus der Spalte „Date" aus dem

Dataframe „Merge“ in Form einer Liste abgerufen und dann in eine neue Spalte namens „Dates“ in „Zeros_df“ eingefügt. Der Parameter „loc“ gibt die Position der neuen Spalte darin an.

**Hinweis:**
Die Bezeichnung der Funktion **forward()** legt den Schluss nahe, dass es sich hierbei um implizite Forward-Rates handelt, die zu einem Basiszins verdichtet werden. Dies ist aber nicht der Fall. Es handelt sich hierbei um Spot-Rates. [115]

### 5.6.8 Ableitung des barwertäquivalenten Basiszinssatzes

Mit den so ermittelten risikofreien und laufzeitspezifischen Null-Kupon-Zinssätzen (Spot-Rates) sind Sie nun in der Lage, den barwertäquivalenten Basiszinssatz abzuleiten.

**Beispiel**

```
# Ermittle einen Durchschnitt für alle Spalten des Dataframes

zeros_ave = zeros_df.mean()

st.write("Arithmetsches Mittel")

st.write(zeros_ave)

zeros_ave = pd.DataFrame(zeros_ave, columns=["rate"])

zeros_ave["value"]=100

zeros_ave["Zeit"]=zeros_ave.index+1

zeros_ave["interest_rates"]= zeros_ave["rate"].apply(lambda x : (x/100)) #get interest/rates

zeros_ave["Barwertfaktor"] = (1-zeros_ave["interest_rates"])**-zeros_ave["Zeit"]

zeros_ave["Barwert"]=zeros_ave["Barwertfaktor"]*zeros_ave["-value"]

lastcol2= 1-(zeros_ave["rate"].iloc[-1]/100) #Zins
```

115 Zur Kritik der Verdichtung von laufzeitspezifischen Zinssätzen zu einem Einheitszins vgl. auch den Diskussionsbeitrag des FAUB in: WPg 2023, 134 ff.

```
barwertfaktor30 = pow(lastcol2, 30)

pv = 100 / (zeros_ave["rate"].iloc[-1]/100)

barwert = barwertfaktor30 * pv

# Ermittle den Barwertfaktor für den Zeitpunkt t=30 ohne Wachs-
tum

sumBarwert = barwert + zeros_ave["Barwert"].sum()

st.write("Der einheitliche IDW Basiszins beträgt in %")

baserate=(100/sumBarwert)*100

st.write(baserate)
```

Der obige Code ermittelt zunächst für die einzelnen Restlaufzeiten einen Durchschnittswert für die Spot-Rates und schreibt diese in ein neues Dataframe „zeros_ave“. Diesem Dataframe werden dann für die entsprechenden Laufzeiten Barwertfaktoren hinzugefügt, um die durchschnittlichen Spotrates zu einem Basiszinssatz für die Laufzeit von 30 Jahren zu verdichten.

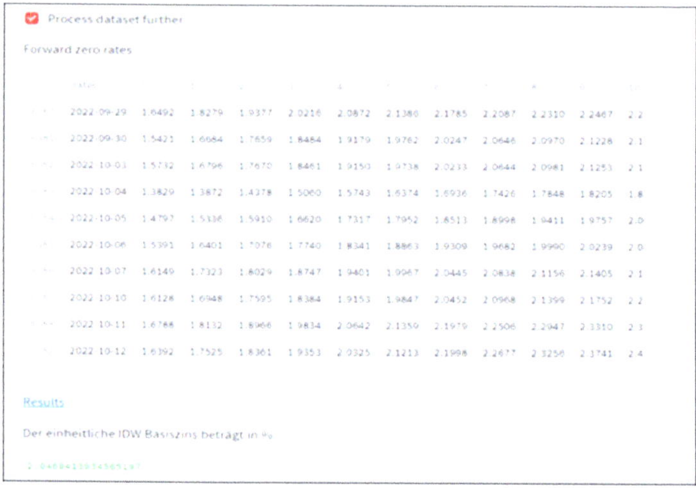


| [illegible] | [illegible] | [illegible] | [illegible] | 4 | [illegible] | [illegible] | [illegible] | 8 | [illegible] | [illegible] |
|---|---|---|---|---|---|---|---|---|---|---|
| 2022-09-29 | 1.6492 | 1.8279 | 1.9377 | 2.0216 | 2.0872 | 2.1386 | 2.1785 | 2.2087 | 2.2310 | 2.2467 | 2.2 |
| 2022-09-30 | 1.5421 | 1.6684 | 1.7659 | 1.8484 | 1.9179 | 1.9762 | 2.0247 | 2.0646 | 2.0970 | 2.1228 | 2.1 |
| 2022-10-03 | 1.5732 | 1.6796 | 1.7670 | 1.8461 | 1.9150 | 1.9738 | 2.0233 | 2.0644 | 2.0981 | 2.1253 | 2.1 |
| 2022-10-04 | 1.3829 | 1.3872 | 1.4378 | 1.5060 | 1.5743 | 1.6374 | 1.6936 | 1.7426 | 1.7848 | 1.8205 | 1.8 |
| 2022-10-05 | 1.4797 | 1.5336 | 1.5910 | 1.6620 | 1.7317 | 1.7952 | 1.8513 | 1.8998 | 1.9411 | 1.9757 | 2.0 |
| 2022-10-06 | 1.5391 | 1.6401 | 1.7076 | 1.7740 | 1.8341 | 1.8863 | 1.9309 | 1.9682 | 1.9990 | 2.0239 | 2.0 |
| 2022-10-07 | 1.6149 | 1.7323 | 1.8029 | 1.8747 | 1.9401 | 1.9967 | 2.0445 | 2.0838 | 2.1156 | 2.1405 | 2.1 |
| 2022-10-10 | 1.6128 | 1.6948 | 1.7595 | 1.8384 | 1.9153 | 1.9847 | 2.0452 | 2.0968 | 2.1399 | 2.1752 | 2.2 |
| 2022-10-11 | 1.6788 | 1.8132 | 1.8966 | 1.9834 | 2.0642 | 2.1359 | 2.1979 | 2.2506 | 2.2947 | 2.3310 | 2.3 |
| 2022-10-12 | 1.6392 | 1.7525 | 1.8361 | 1.9353 | 2.0325 | 2.1213 | 2.1998 | 2.2677 | 2.3256 | 2.3741 | 2.4 |



**Abb. 5.22** Laufzeitäquivalente Verzinsung von Null-Kupon-Anleihen und abgeleiteter Basiszins[116]

[116] Eigene Darstellung; Screenshot: I. Dreixler.

In obiger Abbildung ergibt sich nach der Durchführung entsprechender Rechenoperationen mit Pandas ein einheitlicher Basiszins. Aus Praktikabilitätsgründen – und zur Vermeidung einer Scheingenauigkeit – wird das Ergebnis der Berechnung für den Ansatz des einheitlichen Basiszinssatzes auf 0,25 Prozentpunkte bzw. 0,10 Prozentpunkte gerundet.[117]

### 5.6.9 Visualisierung der Ergebnisse

Die einmal ermittelten Spotrates einschließlich des barwertäquivalenten Basiszinssatzes nach der Svensson-Methode können für weitere Analysen veranschaulicht werden. Vergessen Sie daher nicht, beispielsweise die Bibliothek Altair zu importieren. Dies erledigt der folgende Code:

**Beispiel**

```
if st.checkbox('Start visualizing the term structure'):
    st.subheader("The forward rates visualized for the whole dataset.")
    import altair as alt
    new_df=pd.DataFrame(zeros_df.mean())
    newdf = zeros_df[zeros_df.columns[1:29]]
    last_row=newdf.tail(1).T
    concated_df=pd.concat([new_df, last_row], axis=1)
    concated_df['IDW_Baserate']=0
    concated_df['IDW_Baserate']=baserate
    df3= concated_df.rename(columns={concated_df.columns[0]: 'Mean',concated_df.columns[1]: 'Lastobs'})
    st.write(df3)
    st.line_chart(df3)
```

117 Vgl. IDW, IDW Life 2016, 731 f.

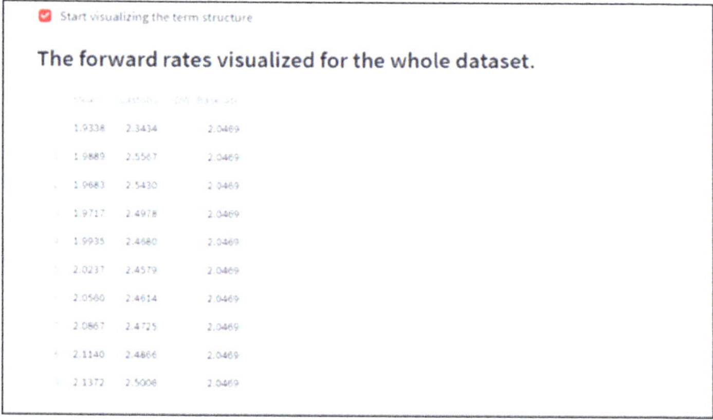

Start visualizing the term structure

**The forward rates visualized for the whole dataset.**

| Mean | Lastobs | IDW_Baserate |
|---|---|---|
| 1.9338 | 2.3434 | 2.0469 |
| 1.9889 | 2.5567 | 2.0469 |
| 1.9683 | 2.5430 | 2.0469 |
| 1.9717 | 2.4978 | 2.0469 |
| 1.9935 | 2.4680 | 2.0469 |
| 2.0237 | 2.4579 | 2.0469 |
| 2.0560 | 2.4614 | 2.0469 |
| 2.0867 | 2.4725 | 2.0469 |
| 2.1140 | 2.4866 | 2.0469 |
| 2.1372 | 2.5006 | 2.0469 |

**Abb. 5.23** Datensatz der laufzeitabhängigen Null-Kupon-Anleihenverzinsung mit drei Spalten[118]

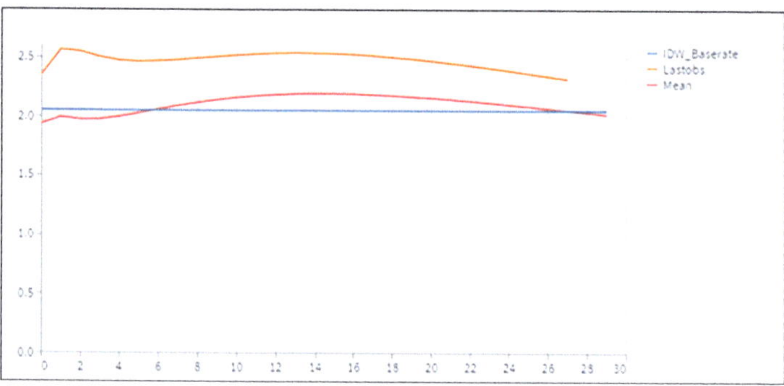


**Abb. 5.24** Visualisierung der Null-Kupon-Verzinsung über verschiedene Laufzeiten für verschiedene Zeitreihen (blau – fester Basiszins; orange – jüngste Beobachtungsreihe; rot – durchschnittliche Verzinsung)[119]

## 5.7 Simulierung von Going-Concern-Risiken

Die Quantifizierung von Risiken von Going-Concern stellt in der Abschlussprüfung von Krisenmandanten eine besondere Herausforderung dar. Dabei gilt es, das Stadium der Krise zutreffend zu identifizieren und das Ausmaß der Planungssicherheit abzuschätzen. Denn daran

[118] Eigene Darstellung; Screenshot: T. Dreixler.
[119] Eigene Darstellung; Screenshot: T. Dreixler.

knüpfen weitere Rechnungslegungs- und Berichterstattungspflichten an. In diesem Beitrag soll der Einsatz der Monte-Carlo-Simulation als Lösungsmethode näher beschrieben werden, um eine Abschätzung der Unsicherheit in der Planung eines Unternehmens abzugeben. Derartige Methoden sind seit Langem von der Bewertung von Derivaten oder aus der Bankenprüfung unter den Stichworten „Stresstest" und „Value at Risk" bekannt. Es soll gezeigt werden, wie sich derartige Methoden konzipieren sowie schnell und einfach (Stichwort: Low-Code) anhand der Programmiersprache Python realisieren lassen.

### 5.7.1 Modellierung der Unsicherheit mittels Monte-Carlo-Simulation

Um eine Entscheidung unter Unsicherheit vornehmen zu können, ist eine Modellbildung vorzunehmen, welche von den vielen Einflussfaktoren der Realität abstrahiert und die zu berücksichtigenden Entscheidungsvariablen in einem Partialmodell überschaubar machen. Auch wenn ein solches Modell einmal steht, muss es weiter um weitere Szenario-basierte Planungstechniken und Sensitivitätsanalysen zur Fehlerabschätzung ergänzt werden. Prominente Beispiele hierfür sind die Angabe einer Sensitivitätsanalyse zum Werthaltigkeitstest nach IAS 36.134 (f) oder zu den Marktrisiken von Finanzinstrumenten nach IFRS 7.40–42. Sofern man auf derartige Komplexitätsreduktionen durch Partialmodellbildung verzichten möchte, bietet es sich an, „die mögliche Realität numerisch zu simulieren" und damit die Monte-Carlo-Simulation auch bei der Bewertung von Unternehmensplanungen unter Unsicherheit anzuwenden. Eine solche Simulationsrechnung kann dabei dem Abschlussprüfer wertvolle Hinweise für inhärente Risiken einer Planung liefern, auf deren Grundlage letztlich auch ein Prüfungsurteil über die Fortführung der Unternehmenstätigkeit erfolgt.

Gedanklich handelt es sich bei der Monte-Carlo-Simulation um ein Zufallsexperiment, bei dem es um die Frage geht, welche Verteilung eine Zufallsvariable y (Verteilungsfunktion; Dichtefunktion) hat, welche als Funktion entweder einer oder mehrerer Zufallsvariablen $x_i$ definiert ist: $y = \varphi(x_1,\ldots,x_n)$.

Im Folgenden soll das Risikoprofil einer Planung mittels einer Monte-Carlo-Simulation sichtbar gemacht werden. Dabei sollen die folgenden Fragestellungen adressiert werden:

- Welcher Wert hat die höchste Wahrscheinlichkeit?
- Wie wahrscheinlich ist es, dass die Gesellschaft für die nächsten zwölf Monate durchfinanziert ist?

### 5.7.2 Aufbau des Simulationsmodells in Python

Für eine Monte-Carlo-Simulation sind im Allgemeinen die folgenden Schritte von grundlegender Bedeutung:

a) Definition der relevanten Zufallsvariablen,

b) Datenbeschaffung,

c) Erzeugung von Zufallswerten für einzelne Zufallsvariablen.

Der letzte Schritt beinhaltet die Erzeugung von Zufallswerten für die Input-Variablen aus einer festgelegten Wahrscheinlichkeitsverteilung. Dies erfordert die Auswahl und die Zuweisung einer relevanten und repräsentativen Wahrscheinlichkeitsverteilung zu einer Input-Variable – ein entscheidender Schritt, der wesentlich Qualität und Aussagegehalt der Simulation beeinflusst. Die Zuweisung einer Wahrscheinlichkeitsverteilung kann dabei auf verschiedene Arten erfolgen. Ohne Kenntnis der Datenlage kann dabei jede theoretische Verteilung in Betracht kommen. Um das Risiko einer realitätsfernen Simulation zu vermeiden, sollte die Simulation die Verteilung möglicher Ausprägungen erfassen, denen das Unternehmen in der Planungsphase ausgesetzt sein könnte. Daher wurde die jeweils zuzuweisende Verteilung aus den beschafften Daten gewonnen (sog. empirische Verteilung).

**Praxistipp:**
Zur Simulation von empirischen Verteilungen von Zufallsvariablen bietet sich die Python-Bibliothek **fitter** an.[120] Diese hält rd. 80 Verteilungen aus Scipy bereit und ermöglicht es, die wahrscheinlichste theoretische Verteilung und deren beste Parameterwerte für die Simulation einer empirischen Verteilung zu bestimmen.[121]

120 Vgl. https://pypi.org/project/fitter/
121 Vgl. Dreixler, WP Praxis 4/2022, 141 f.

### 5.7.3 Import der Bibliotheken

Für das Projekt benötigen Sie die folgenden Bibliotheken, die Sie wie gewohnt importieren müssen:

**Beispiel**

```
import streamlit as st

import pandas as pd

import numpy as np

import base64

import io

import datetime as dt

import altair as alt
```

### 5.7.4 Definition der relevanten Zufallsvariablen

Ausgangspunkt des Experiments ist eine klassische Vertriebsgesellschaft, die Waren auf dem Weltmarkt beschafft und in der EU verkauft. Dementsprechend ist das Geschäftsmodell von spezifischen Risiken, insbesondere Frachtkosten und Wechselkursschwankungen, beeinflusst. In der nachfolgend dargestellten vereinfachten Planung (ohne Steuern) werden Umsätze von 26.574 T€ (Steigerung um 3 %) und eine EBIT-Marge von rd. 9,5 % erwartet. Die Gesellschaft soll ferner zu Beginn der Planungsperiode eine negative Liquidität von 1.400 T€ aufweisen. Für die anstehende Prognose von zwölf Monaten (250 Tage) soll der Cashflow inklusive Liquidität mittels Monte-Carlo-Simulation abgeschätzt werden. Damit definieren Sie in einem ersten Schritt die folgenden Modellparameter und die zugehörigen Variablen:

| Modellparameter | Beschreibung |
|---|---|
| num_simulation | Anzahl der Simulationsschritte (Standard 250 Tage) |
| num_year | Anzahl der Planjahre (Standard = 1 Jahr) |
| sales | Umsatzerlöse |
| cos | Materialaufwand |
| pers_cost | Personalkosten |

| Modellparameter | Beschreibung |
|---|---|
| amor | Abschreibungen |
| finance | Finanzierungskosten |
| fonds | Liquidität zu Beginn des Prognosezeitraums |

Diese sind im Wesentlichen Umsatz, Materialaufwand, Abschreibungen, sonstige Aufwendungen, wie Finanzierungskosten, die annahmegemäß auch zahlungswirksam sein sollen. Für diese Variablen soll die Eingabe eines Wertebereichs möglich sein. Für die wesentlichen Modellparameter wird daher jeweils eine Eingabe im Browser über ein Slider-Element von Streamlit implementiert. Dabei sollen für die Parameter im Seitenbereich deren möglichen (minimale und maximale) Änderungsbereiche und die Eingabe von Ausgangswerten für die Simulation gesetzt werden.

**Beispiel**

```
st.sidebar.header("Set growth parameters for model")

    inc_sales = st.sidebar.slider('Sales', –0.30, 0.30, (–0.04, 0.10), key=5)

    inc_cos = st.sidebar.slider('Cost of materials', –0.30, 0.30, (–0.1, 0.10), key=6)

    inc_pers = st.sidebar.slider('Personnel expenses', –0.30, 0.30, (0.0, 0.10), key=7)

    inc_amor = st.sidebar.slider('Depreciation expenses', –0.30, 0.30, (0.0, 0.10), key=8)

    st.header("Eingaben von Ausgangswerte")

    fonds = st.number_input('Liquidität', value=–1400.00, key=9)

    sales = st.number_input('Sales', value=2500.00, step=250.00, key=10)

    cos = st.number_input('Cost of materials', value=1500.00, step=100.00, key=15)

    pers_cost = st.number_input('Personnel expenses', value=750.00, step=100.00, key=20)

    amor = st.number_input('Other expenses', value=75.00, step=50.00, key=25)
```

```
st.header("Parameters for Simulation")

num_simulation = st.slider('Define number of simulations', max_value=10000, value=250, step=100, key=30)
```

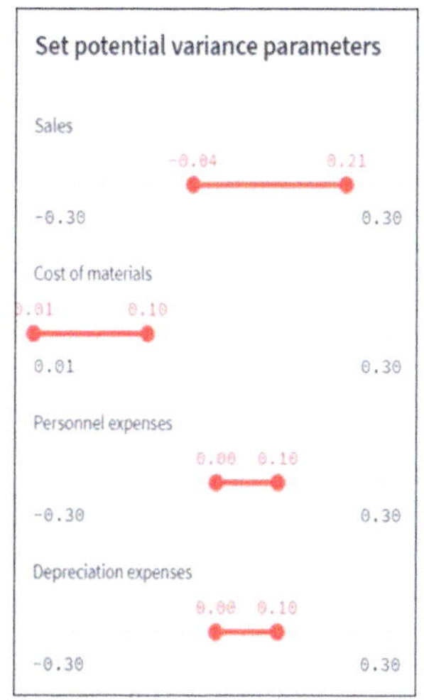


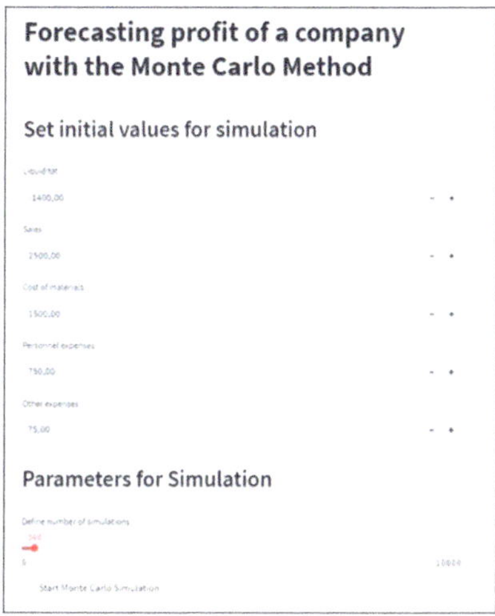


**Abb. 5.25** Modellparametereingaben[122]

## 5.7.5 Erzeugung von temporären Nullmatrizen

Im nächsten Schritt werden für die stochastischen Zufallsvariablen (Merkmale, Input-Variablen) Nullmatrizen im Zufallsraum $\vartheta$ mit der Dimension $n$ x $m$ erstellt, wobei $n$ die Anzahl der Simulationen und $m$ der Prognosezeitraum in Tagen (hier 250) darstellen. Diese temporären Nullmatrizen sind anschließend im Rahmen des Zufallsexperiments mit Zufallswerten zu befüllen.

[122] Eigene Darstellung; Screenshots: T. Dreixler.

**Beispiel**

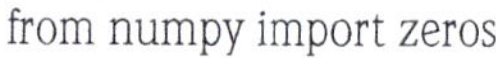

```
from numpy import zeros

# Erzeuge z.B. eine temporäre Nullmatrix rev für Umsatzerlöse

rev = zeros((num_year, num_simulation), dtype=float)

mat = zeros((num_year, num_simulation), dtype=float)

pers = zeros((num_year, num_simulation), dtype=float)

afa = zeros((num_year, num_simulation), dtype=float)
```

### 5.7.6 Festlegung von Startwerten

Da Umsatzerlöse und Materialaufwand annahmegemäß korreliert sein sollen, wird eine „synthetische" multivariate Verteilung (Copula) vorausgesetzt, die Sie aus einer empirischen Verteilung beider Zufallsgrößen abgeleitet haben. Aus den Parameter-Werten (Korrelation) der Copula bauen Sie sodann eine theoretische Verteilung für die Simulation. Damit ist eine realistische Simulation für diese Modellparameter gewährleistet. Für die Implementierung kann die Python-Bibliothek **Copula** verwendet werden.[123]

Unter der Annahme, dass Sie die Modellparameterwerte für die Korrelation ermittelt haben, erzeugen Sie zunächst mit dem folgenden Code eine theoretische Verteilung für Umsatzerlöse und Materialaufwand:

**Beispiel**

```
from scipy import stats

mvnorm = stats.multivariate_normal([76, 65], cov=[[1.0, 0.50],
[0.50, 1.]])

x=mvnorm.rvs(num_simulation)

df2 = pd.DataFrame(data=x, columns=["Sale", "Material"])

st.write("Raw margin with Correlated pairwise samples")

st.write(df2)
```

[123] Vgl. Dreixler, a.a.O., 142.

Raw margin with correlated pairwise samples

| Sale | Material |
|---|---|
| 76.7412 | 65.2821 |
| 76.2516 | 66.5938 |
| 75.3331 | 64.9959 |
| 76.1145 | 64.3214 |
| 75.3548 | 64.5991 |
| 77.0085 | 65.0782 |
| 76.4771 | 64.9078 |
| 75.6468 | 65.0609 |
| 76.5718 | 65.8132 |
| 76.7551 | 64.6302 |

**Abb. 5.26** Startwerte für Umsätze und Materialaufwand[124]

Das Dataframe hält so die Startwerte für Umsatzerlöse und Materialaufwand bereit, die in die erzeugten temporäre nNullmatrizen eingesetzt werden:

**Beispiel**

```
r=df2.iloc[:,[0]]

from numpy import zeros

sales_list=np.zeros((250,num_simulation), dtype=float)

sales_list[0]=r.T
```

### 5.7.7 Erzeugung von Zufallswerten

Im Anschluss erzeugen Sie eine zufällige Veränderung dieser Startwerte über den Prognosezeitraum, wobei Sie die minimale und maximale Veränderung der Eingabeparameter berücksichtigen. Kurzum: Es wird

[124] Eigene Darstellung; Screenshot: T. Dreixler.

die Zufallsgröße Umsatzerlöse über den Planungszeitraum unter den getroffenen Wachstumsannahmen prognostiziert:

**Beispiel**

```
for t in range(1,250):

    # Nehmen die Wachstumsuntergrenze, z.B. 1 %

    sales_min = inc_sales[0]

    # Nehmen Sie ein mittleres Wachstum an, z.B. 3 %

    sales_mode = (inc_sales[0]+inc_sales[1])/2

    # Nehmen Sie eine obere Wachstumsgrenze an, z.B. 5 %

    sales_max = inc_sales[1]

    sales_list[t] = sales_list[0] * (1+ np.random.triangular(sales_min,
    sales_mode, sales_max, num_simulation))

    test = pd.DataFrame(sales_list)

    st.write("Sales")

    st.write(test)
```

Sales

| | 0 | 1 | 2 | 3 | 4 | 5 | 6 | 7 | 8 | 9 | 10 |
|---|---|---|---|---|---|---|---|---|---|---|---|
| 0 | 76.7412 | 76.2516 | 75.3331 | 76.1145 | 75.3548 | 77.0085 | 76.4771 | 75.6468 | 76.5718 | 76.7551 | 77.420 |
| 1 | 85.0917 | 75.3498 | 76.3332 | 84.0518 | 84.9172 | 85.7712 | 76.5001 | 82.0920 | 83.0702 | 80.3096 | 87.068 |
| 2 | 84.8812 | 78.1677 | 78.2364 | 88.9899 | 82.6956 | 89.6969 | 89.1992 | 86.8428 | 84.2210 | 87.6685 | 79.572 |
| 3 | 79.4236 | 85.3859 | 81.0365 | 81.4324 | 82.9683 | 86.2320 | 78.6260 | 81.2119 | 74.9888 | 80.6251 | 83.999 |
| 4 | 80.4299 | 83.2874 | 82.4663 | 89.3456 | 74.8770 | 86.0845 | 87.4820 | 82.4045 | 87.5208 | 84.3325 | 86.203 |
| 5 | 83.0211 | 87.2021 | 79.2526 | 88.9412 | 79.9151 | 85.0146 | 83.2116 | 82.4828 | 82.8388 | 83.9061 | 87.142 |
| 6 | 86.9326 | 81.3860 | 87.6691 | 84.6071 | 78.2409 | 75.9921 | 80.0837 | 90.5912 | 87.7854 | 84.4355 | 83.137 |
| 7 | 80.2175 | 77.7725 | 86.8803 | 76.9681 | 77.4936 | 89.2177 | 89.4841 | 80.3071 | 79.0435 | 85.1197 | 82.212 |
| 8 | 82.7031 | 80.6031 | 78.0942 | 81.3800 | 81.7173 | 85.6114 | 79.9844 | 82.6774 | 82.8447 | 84.8655 | 83.085 |
| 9 | 74.7279 | 84.8322 | 78.0048 | 79.4243 | 85.1780 | 78.6128 | 80.1388 | 86.4971 | 81.2963 | 86.0353 | 77.675 |

**Abb. 5.27** Simulationswerte für die Umsätze[125]

Diese Schritte wiederholen Sie für den Materialaufwand und die anderen Zufallsvariablen entsprechend. Dabei weisen Sie diesen eine Wahrscheinlichkeitsverteilung zu.

**Praxistipp:**
Um mögliche Verteilungen zu simulieren, bietet es sich an, die Bibliothek NumPy zu verwenden, die verschiedene Verteilungen, wie die Gleichverteilung **np.random.uniform()** oder Dreiecksverteilung **np.random.triangular(),** zur Verfügung stellt.

Mit diesen Ausgangswerten haben Sie alle Modellwerte zusammen, um die finale Matrix für einen vereinfachten Gewinn als Schätzer für die Liquidität zu ermitteln, indem die zuvor erzeugten Matrizen wie bei einem deterministischen Modell gemäß der folgenden Formel miteinander verrechnet werden: Liquidität am Ende der Planung = Liquidität am Anfang der Periode + Veränderung der Periode mit: Veränderung der Periode = Umsatz – Materialaufwendungen – Personalaufwendungen – Sonstige Aufwendungen – Zinsaufwendungen.

Diese Matrix fassen Sie zu einem Dataframe mit der **melt()**-Methode von Pandas zusammen, um die Verteilung des Gewinns über den Prog-

125 Eigene Darstellung; Screenshot: T. Dreixler.

nosezeitraum zu gewinnen. Danach beschreiben Sie die Verteilung des Gewinns der Simulation, in dem Sie die zugehörigen Standard-Quartile berechnen und ausgeben.

**Beispiel**

```
profit2=test – test2 – test3 – test4 – test5 + liquid

st.write("Profit Table")

st.write(profit2)

ar=profit2.cumsum(axis=0)

rows = ar.iloc[-1:]

df2 = pd.melt(rows, var_name="Num_Simul", value_name="Wert")

st.write(df2.describe(percentiles=[0.01, 0.05, 0.25, 0.75, 0.95, 0.99]))
```

Profit Table

| | 0 | 1 | 2 | 3 | 4 | 5 | 6 | 7 |
|---|---|---|---|---|---|---|---|---|
| 0 | -1,396.4341 | -1,398.2354 | -1,397.5560 | -1,396.1002 | -1,397.1375 | -1,395.9629 | -1,396.3239 | -1,397.3074 |
| 1 | 13.7841 | 2.0910 | 5.6750 | 14.4414 | 13.5178 | 14.5629 | 4.8529 | 8.6895 |
| 2 | 15.3074 | 5.7729 | 7.5247 | 21.9500 | 12.5786 | 21.2848 | 21.4292 | 17.0098 |
| 3 | 7.7049 | 13.9625 | 9.1958 | 11.3136 | 13.5694 | 13.7879 | 7.7594 | 10.1980 |
| 4 | 6.7541 | 8.5801 | 8.2412 | 16.7960 | 1.8192 | 12.6895 | 13.8629 | 12.2474 |
| 5 | 11.2144 | 14.8116 | 9.1125 | 19.0306 | 9.4587 | 14.6985 | 13.6775 | 13.1096 |
| 6 | 16.3652 | 7.7412 | 15.8267 | 12.6988 | 6.5482 | 4.0037 | 9.5337 | 18.7469 |
| 7 | 7.4425 | 6.0183 | 15.0797 | 6.3916 | 5.3826 | 16.7812 | 19.3087 | 8.0462 |
| 8 | 10.1450 | 7.8490 | 7.9556 | 12.1625 | 10.3478 | 16.0480 | 7.7293 | 14.4310 |
| 9 | 6.1066 | 13.0668 | 10.2224 | 9.1136 | 13.8911 | 6.4798 | 8.2271 | 16.1528 |

**Abb. 5.28** Gewinnmatrix über 250 Tage für 250 Simulationen[126]

[126] Eigene Darstellung; Screenshot: T. Dreixler.

| | Num_Simul | Wert |
|---|---|---|
| count | 300.0000 | 300.0000 |
| mean | 149.5000 | 1.543.5431 |
| std | 86.7468 | 265.4517 |
| min | 0.0000 | 864.4055 |
| 1% | 2.9900 | 941.4485 |
| 5% | 14.9500 | 1,095.1191 |
| 25% | 74.7500 | 1.382.7831 |
| 50% | 149.5000 | 1.547.2201 |
| 75% | 224.2500 | 1,714.5882 |
| 95% | 284.0500 | 1,964.1392 |

**Abb. 5.29** Statistik der Gewinnverteilung mit Quartile[127]

Zum Schluss veranschaulichen Sie die Verteilung des Gewinns in einem Histogramm wie folgt:

**Beispiel**

```
q=alt.Chart(df2, title='Verteilung der Liquidität').mark_bar(size = 10).encode(alt.X('Wert', bin=alt.Bin(maxbins=50), title="Liquidität am Ende der Planungsphase"),alt.Y('count()', title="Häufigkeiten"))

line = alt.Chart(pd.DataFrame({'x': [confi5]})).mark_rule(color="red", size=5).encode(x='x')

text = alt.Chart(df2).mark_text(align='left',baseline='middle',lineBreak="-", x=30, y=25, fontSize=11, fontStyle="normal",color='red',text=f'Konfidenzintervall - (5 %/250 Days) = {confi5}').encode()

st.altair_chart(q+text+line,use_container_width=True)
```

Das 5 %-Konfidenzintervall, das Sie mit der Methode **quantile(q=0.05)** aus der Gewinnverteilung abgeleitet haben, zeichnen Sie in dem Schaubild als rote Linie ein.

127 Eigene Darstellung; Screenshot: T. Dreixler.

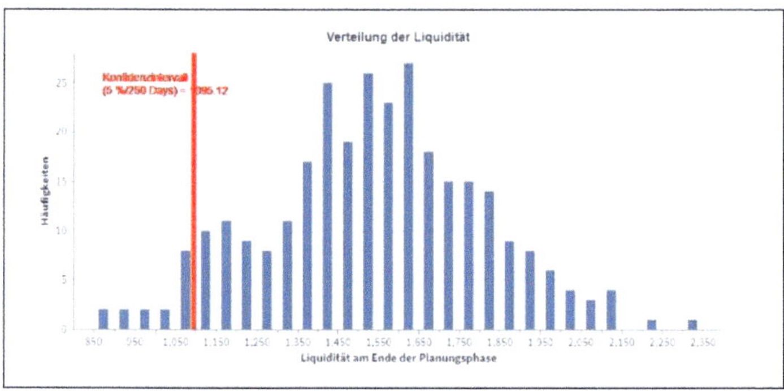


**Abb. 5.30** Liquiditätsverteilung mit 5 %-Konfidenzintervall-Angabe[128]

Das 5 %-Perzentil bzw. Konfidenzintervall kann anhand der Quantil-Funktion von NumPy leicht berechnet werden und beträgt 1.095 Geldeinheiten. Damit ist leicht erkennbar, eine Illiquidität im Planungszeitraum ist sehr unwahrscheinlich und liegt unter 1 %. Das Modell legt somit offen, ob und in wie vielen Fällen bzw. mit welcher Wahrscheinlichkeit es im Rahmen von 250 Zufallsexperimenten zu einer Liquiditätslücke kommt. Dieser Maßstab kann daher als erster Indikator zur Messung von Liquiditätsrisiken und damit auch zur Beurteilung der wesentlichen Unsicherheit in der Unternehmensplanung herangezogen werden. Der Ansatz der Monte Carlo-Simulation hat den Vorteil, dass als Grundlagen für die Beurteilung historische Daten zugrunde gelegt werden. Gleichwohl darf nicht vergessen werden, dass ein Modell verwendet wird und dessen Ergebnisse von einigen Faktoren abhängt (Stichwort: Modellrisiko).

[128] Eigene Darstellung; Screenshot: T. Dreixler

## 5.8 Der kNN-Algorithmus

Die Erkennung von auffälligen oder ungewöhnlichen Buchungen in ERP-Systemen (Anomalien) ist eine wesentliche Pflichtaufgabe für Abschlussprüfer, um zu gewährleisten, dass Abschlüsse frei von wesentlichen Falschdarstellungen sind. Bislang werden dabei als klassische Detektionsmethoden überwiegend regelbasierte Verfahren auf Basis des Erfahrungswissens des Abschlussprüfers verwendet. Die Anwendung dieser Regeln in Form der Durchführung von Prüfungsschritten setzt damit direkt am erlernten und bekannten Wissen des Abschlussprüfers an. Was ist aber, wenn sich dieses Wissen – als Basis von weiteren Prüfungshandlungen – nur schwer formalisieren lässt oder nur mit viel Aufwand erlangt werden kann? In einer solchen Situation bedarf es eines Ansatzes, der weder dieses Spezialwissen noch das Aufstellen von Regeln erfordert. Diesem Thema widmet sich das Gebiet des maschinellen Lernens (Machine Learning). In diesem Abschnitt wird die Funktionsweise des kNN-Algorithmus (auch k-nächste Nachbar-Algorithmus oder kurz kNN) für die Anomalieerkennung vorgestellt und mit Python anhand eines praktischen Beispiels demonstriert.[129]

### 5.8.1 Auffälligkeiten im Buchungsstoff

Um Anomalien im Buchungsstoff von ERP-Systemen mit maschinellen Methoden zu identifizieren, muss festgelegt werden, was man unter Anomalien bzw. ungewöhnlichem Verhalten versteht. Dies bestimmt die Auswahl der Methode und auch die Auswahl der Merkmale (sog. Features), die für die Erkennung herangezogen und untersucht werden. **Anomalien** bezeichnen im Allgemeinen außergewöhnliche Datenpunkte in einem Datensatz. Hierfür werden auch die Begriffe „Auffälligkeit" oder „Ausreißer" (engl. **Outlier**) verwendet, die durch entsprechende Verfahren erkannt werden sollen (engl. **Anomaly Detection**). Häufig wird dabei auch von **„Novelty Detection"** (engl.) gesprochen, wenn von der Identifizierung von außergewöhnlichen Datenpunkten die Rede ist.[130] Im Unterschied zur Anomaly Detection steht hier die Erkennung von neuen Datenpunkten in einem bekannten Datenraum im Vordergrund, der annahmegemäß keine Anomalien aufweist.

129 Vgl. Dreixler, WP Praxis 6/2020, S. 172 ff.

130 Vgl. https://scikit-learn.org/stable/modules/outlier_detection.html).

Im vorliegenden Fall wird ein Prüffeld Forderungen untersucht, bei dem nach einer durchgeführten Aufbauprüfung ein angemessenes IKS (Rechnungsstellung) vorläufig festgestellt werden soll. Die Anomalieerkennung dient daher dazu, festzustellen, ob sich signifikante Abweichungen gegenüber der ursprünglichen Feststellung zum IKS in den Merkmalen für das Buchungsverhalten ereignet haben, die den Abschlussprüfer zu weiteren Prüfungshandlungen im Bereich der Kontrollprüfungen oder als Einzelfallprüfungshandlungen im Hauptbuch veranlassen. Als Beispiele von auffälligen Mustern (Alarm pattern bzw. red flags) und nachfolgenden Prüfungshandlungen seien genannt:

- Überlange Buchungsdauern veranlassen den Prüfer zur Überprüfung seines Verständnisses über die Kontrollen zur Erfassung von Journaleinträgen.[131]
- Überlange Buchungsdauern von bestimmten Belegarten veranlassen zur Überprüfung der Buchungen im Wege des Einzelfalls und scheiden somit ggf. als Massentransaktionen aus.

Die beiden Merkmale dienen als Approximation für die Prozessstabilität im Bereich des Rechnungslegungsprozesses und sind somit eine wichtige Grundlage, auf die sich der Abschlussprüfer im Rahmen der Durchführung der Einzelfallprüfungshandlungen stützen möchte. Bei Standardprozessen, die IT-gestützt sind, ergeben diese Merkmale überdies Hinweis auf Prozessoptimierung in Bezug auf Durchlaufzeiten. Gegebenenfalls können Fehler im Prozess identifiziert und dadurch Verbesserungen angemerkt werden.

### 5.8.2 Umsetzung in Python

Im Bereich der Data Science Community zählt sicherlich der kNN zu den bekanntesten Verfahren, um Anomalien in Datensätzen zu finden. Seine Bekanntheit ist nicht zuletzt auf dessen Einsatz bei Netflix zurückzuführen.[132] Dort wird der Algorithmus allerdings dazu verwendet, um dem Anwender geeignete Vorschläge für Streaming- und Produktangebote zu machen und unpassende Angebote als Anomalien von der weiteren Darbietung auszuschließen (Recommender-System). Der

[131] Dies betrifft z.B. das Verständnis darüber, wie oft Buchungen und mit welchen Kontrollen im Hauptbuch erfasst werden (laufend oder z.B. als Batch-Prozess).

[132] Vgl. Molina, Recommendation System for Netflix, S. 5 (unter https://pdfs.semanticscholar.org/1e29/65134fbbb00bb5c8bc0784ad3182f1e31899.pdf).

kNN ist ein relativ einfacher Algorithmus und zielt auf die Entdeckung von globalen Anomalien ab. Die Methode ist nicht fähig, lokale Anomalien zu erkennen.[133] Die Kernidee zur Erkennung von Anomalien ist dabei, dass die Entfernung eines Datenpunktes zu seinen k-Nachbarn berechnet wird und dies dann verwendet wird, um Ausreißerwerte (engl.: Anomaly Score) zu bestimmen. Die Datensätze lassen sich entsprechend dem zugeordneten Score-Wert in eine Rangfolge bringen, sodass es gilt, Datenpunkte mit hohen Ausreißerwerten zu finden. Als Ergebnis liefert der Algorithmus grundsätzlich für jeden Datensatz ein Klassifikationsergebnis (Ausreißer ja oder nein) mit.

**Hinweis:**
Struktur des knn-Algorithmus

1. Berechne für jeden Datenpunkt die Distanz zu den übrigen Datenpunkten eines Datensatzes. Bei der Berechnung der Distanz können verschiedene Maße verwendet werden. Ein gebräuchliches und bekanntes Maß ist die euklidische Distanz als kürzeste Distanz zweier Datenpunkte im karthesischen Koordinatensystem – nach dem Satz von Pythagoras. Die euklidische Distanz d(a,b) ist wie folgt definiert (für einen 2-dimensionalen Datenraum):
   $d(a,b)=\sqrt{}\Sigma(a_1-b_1)^2+(a_2-b_2)^2$
   Dabei sind a und b zwei Datenpunkte, die folgende Koordinaten aufweisen:
   $(x,y)=(a_1,a_2)$und $(b_1,b_2)$
2. Bestimme den 1., 2., ..., k-nächsten Nachbar als nächstgelegenen Datenpunkt auf Basis der berechneten Distanz in absteigender Reihenfolge. Dabei wird ein Anomalie-Wert (rawscore) für den Datensatz berechnet – entweder als Distanz zum (weitesten) k-nächsten Nachbarn oder als durchschnittliche Distanz zu allen k-nächsten Nachbarn.
3. Ermittle anschließend die Klasse jeder Transaktion für den Datensatz auf Basis der gefundenen Distanz. Dabei soll jede Transaktion entweder als 0 oder als 1(label) gekennzeichnet werden. Die Daten werden auf diese Weise durch den kNN-Algorithmus in „nächste Nachbar“ (Inlier) mit dem Wert 0 und „Ausreißer“ (Outlier) mit dem Wert 1 eingeteilt. Hierbei handelt es sich um

[133] Vgl. Dreixler, aaO, 173 m.w.N.

eine Vorhersage. Ob es sich um die zutreffende Kennzeichnung handelt, muss daher im Anschluss überprüft werden. Die Anomalie-Werte können als Rangfolge verwendet werden.

In Python sind seit geraumer Zeit auch Bibliotheken von Algorithmen verfügbar, die den kNN enthalten und die auf die Anomalieerkennung im Buchungsstoff durch Abschlussprüfer übertragbar sind, wie der nachfolgende Anwendungsfall zeigt. Der Algorithmus kann sowohl als überwachter als auch als unüberwachter Algorithmus verwendet werden.[134] Im ersten Falle werden vorklassifizierte Daten (engl. **Labeled Data**) benötigt, während dies nicht im letzten Fall ist. Um das Beispiel einfach zu halten, wird im folgenden Beispiel keine Vorklassifikation vorausgesetzt. Daher wird der Algorithmus im Modus des unüberwachten Lernens verwendet. Zum Trainieren des knn-Modells kommt dabei die Bibliothek **PyOD** zum Einsatz.[135]

### 5.8.3 Definition eines Datenmodells

Bei dem im Einsatzszenario zu beschaffenden Daten handelt es sich um strukturierte Transaktionsdaten aus dem Nebenbuch Debitoren.[136] Dabei werden neben der Buchungssatznummer zur Identifikation die folgenden Merkmale (Features) des Debitoren-Buchungsjournals für alle Transaktionstypen Rechnungen und Gutschriften herangezogen:

- Belegnummer (BELEG_NR)
- Buchungsdatum (BU_DAT)
- Belegdatum (BELEG_DAT)

[134] Vgl. https://scikit-learn.org/stable/modules/neighbors.html#unsupervised-nearest-neighbors

[135] Vgl. https://pypi.org/project/pyod/. Hinweis: Eine Umsetzung mit scikit-learn ist hier ebenfalls denkbar.

[136] Die Verwendung eines Standard-Datenmodells ist zu empfehlen.

**Hinweis:**
Die vorgenannten Merkmale wurden aus einer tief greifenden Analyse, nämlich dem sog. Feature Engineering, gewonnen. Diese besteht darin, mehr Informationen für die Algorithmen des maschinellen Lernens, welche Sie mit Daten trainieren, bereitzustellen. Das Hinzufügen weiterer Informationen hilft dabei, bessere und genauere Ergebnisse zu erzielen.

Ein Prüfer hat diese nach allgemeinen Grundsätzen der F&A zu den ATT dahingehend zu prüfen, dass die zu beurteilenden Daten vollständig sind und mit denen im IT-System des Mandanten übereinstimmen, um sicherzustellen, dass der Prüfungsgegenstand zutreffend abgegrenzt ist (Data Validation).[137] Im vorliegenden Fall soll die Annahme gesetzt werden, dass der zu prüfende Datensatz als Teilextrakt eines GoBD-Datensatzes resultiert, der zuvor erfolgreich validiert werden konnte. Welche Schritte erforderlich sind, um einen kNN-Klassifizierer auf diesem Datensatz anwenden können, um Anomalien zu entdecken, wird im Folgenden im Detail erläutert.

### 5.8.4 Training eines kNN-Klassifizierers

Zunächst müssen Sie die benötigen und verwendeten Bilbliotheken für das Projekt importieren:

**Beispiel**

```
import streamlit as st

import base64

import os

import pandas as pd

import datetime

import sklearn

import matplotlib.pyplot as plt
```

137 Zur Datenvalidierung im Rahmen von ATT siehe IDW: Fragen und Antworten zur praktischen Anwendung von Automatisierten Tools und Techniken (ATT) im Rahmen der Abschlussprüfung, Abschnitt 4.1.3 und 7.1.

```
import seaborn as sns
import pyod
import numpy as np
import matplotlib.pyplot as plt
import io
```

### 5.8.5 Upload der Daten

In Streamlit können Sie auch diesmal die Daten über die Upload-Komponente in die App laden. Definieren Sie eine entsprechende Upload-Komponende mit einer **read_csv()**-Methode von Pandas wie folgt:

**Beispiel**

```
st.header("Start Data import")
    uploaded_file = st.file_uploader("Choose a CSV file", type="csv")
    if uploaded_file is not None:
    import pandas as pd
        cols = ['BS_NR', 'BU_DAT', 'BELEG_DAT', 'BELEG_NR']
        data = pd.read_csv(uploaded_file, engine='python', sep=';',
usecols=cols)
else:
        st.write("**Please upload a file. **")
```

Danach geben Sie die ersten fünf Zeilen des Datensatzen nach dem Upload mit der **head()**-Methode und die Typen der jeweiligen Spalten mit den Methoden **dtypes()** aus.

**Beispiel**

```
if st.checkbox('Show raw data'):
    st.dataframe(data.head())
    st.dataframe(data.dtypes())
```

Die Ausgabe sieht folgendermaßen aus:

Show raw data

| | BS_NR | BU_DAT | BELEG_DAT | BELEG_NR |
|---|---|---|---|---|
| 0 | 4900109971 | 26.04.2022 | 21.04.2022 | 4900109971 |
| 1 | 4900109971 | 26.04.2022 | 21.04.2022 | 4900109971 |
| 2 | 4900109971 | 26.04.2022 | 21.04.2022 | 4900109971 |
| 3 | 4900109971 | 26.04.2022 | 21.04.2022 | 4900109971 |
| 4 | 4900145177 | 17.08.2022 | 16.08.2022 | 4900145177 |

| | Data Type |
|---|---|
| BS_NR | int64 |
| BU_DAT | object |
| BELEG_DAT | object |
| BELEG_NR | int64 |

**Abb. 5.31** Die ersten fünf Datenpunkte und Datentypen eines Datensatzes[138]

i

**Hinweis:**
Generell sind Transaktionsdaten technisch in verschiedenen Datentypen gespeichert. Hierbei handelt es sich als Hauptkategorien um:

- Numerische Daten: Hierunter fallen die klassischen Buchungsbeträge als Betrag, Soll und Haben, Steuerbetrag. Technisch kann es sich hierbei um ganze Zahlen oder Dezimalzahlen handeln.
- Datumsangaben: Buchungs- und Erfassungsdatum.
- Kategorische Daten: Hierbei handelt es sich um diskrete Werte der Merkmale. Beispiele können hier sein: Sachkonto, Erfasser, Steuerschlüssel oder Systembuchungskennzeichen.
- Textdaten: Buchungstexte, USt-ID-Nummer, Sachkontobezeichnung.

Die Arten der Datentypen spielen eine entscheide Rolle bei der Entwicklung von Algorithmen für die Anomalieerkennung, da sie die Anwendbarkeit verschiedener Verfahren beeinflussen und daher ggf. eine eigene Datenaufbereitung benötigen.

138 Eigene Darstellung; Screenshot: T. Dreixler.

### 5.8.6 Datenaufbereitung

Die vorangehende Ausgabe zeigt die Datentypen, die den einzelnen Spalten zugewiesen wurden. Buchungssatznummer und Belegnummer wurden als numerische Variablen (int64) identifiziert, Belegdatum und Erfassungsdatum sind Objekt-Daten. Betrachten Sie nun die Möglichkeit, einzelne Spalten in einen anderen Datentyp zu konvertieren. In Pandas können Sie die Methode **astype()** verwenden und den neuen Datentyp, in den konvertiert werden soll, als Parameter angeben. Buchungs- und Erfassungsdatum werden auf diese Weise zunächst in eine Datetime-Variable umgewandelt und daraus ein neues Merkmal (Buchungsdauer) erzeugt, wobei Sie die Buchungsdauer mit dem Attribut **dt.days** ableiten können. Im Anschluss wandeln Sie das neu abgeleitete Merkmal mit der **astype()**-Methode noch in den Datentyp Integer um und bereinigen die Spalte, indem Sie nicht vorhandene Werte mit dem Wert 0 anhand der **fillna()**-Methode auffüllen.

All diese Aktionen definieren Sie innerhalb einer neuen Funktion **process_data()** mit einem Dataframe als Input-Parameter. Die vorgenannten Funktion **process_data()** liefert als Rückgabewert das so aufbereitete Dataframe zurück.

**Beispiel**

```
if st.checkbox('Start data preprocessing'):

    def process_data(df):

        df['BU_DAUER']=(pd.to_datetime(df['BELEG_DAT'])      -pd.
to_datetime(df['BU_DAT'])).dt.days

    df['BU_DAUER'] = df['BU_DAUER'].fillna(0).astype(np.int)

    df['BELEG_NR'] = df['BELEG_NR'].fillna(0).astype('str')

    return df

    process_data(data)
```

Anschließend rufen Sie die Funktion mit dem aufzubereiteten Dataframe als Parameter-Wert auf. Bevor Sie mit der Aufbereitung fortfahren, sollten Sie sich noch den zuvor herausgearbeiteten Features BELEG_NR und BU_DAUER zuwenden. Filtern Sie hierfür das Dataframe entsprechend und weisen diesem eine neue Variable x zu, mit der Sie danach weiterarbeiten werden:

**Beispiel**

```
# Feature Auswahl

x = data[['BELEG_NR', 'BU_DAUER']]
```

**Praxistipp:**
Bei sehr großen Datensätzen sind Sie ggf. nicht in der Lage, alle Daten vollständig zu laden. Wie bereits vermerkt wurde, verwendet Pandas standardmäßig eine 64-Bit-Codierung für numerische Variablen. Dies erfordert eine Menge Speicher und kann für eine schnelle Programmlaufzeit (Performance) zu viel sein. Es empfiehlt sich daher, stets zu prüfen, ob in diesem Fall eine Konversion in andere Datentypen dieses Problem löst.

Im Fall der Belegnummer ist noch eine weitere Aufbereitung ergänzend durchzuführen, nämlich die Umwandlung in den Datentyp **category** – ein eigener Datentyp der Bibliothek Pandas. Der Unterschied zwischen Objekt und Kategorie besteht darin, dass Letztere eine endliche Anzahl von möglichen Werten hat (auch diskrete Variablen genannt).[139] Sobald diese in kategoriale Variablen umgewandelt wurden, listet Pandas automatisch alle Werte auf. Auf sie kann mit der Methode **cat.categories()** zugegriffen werden.

**Beispiel**

```
x['BELEG_NR'] = x.BELEG_NR.astype('category')

# Assigning numerical values and storing in another column

x['BELEG_NR'] = x['BELEG_NR'].cat.codes

st.subheader('Show encoded field BELEG_NR')

st.write(x['BELEG_NR'].head())
```

139 Vgl. https://pandas.pydata.org/docs/user_guide/categorical.html

Mit der letzten Zeile geben Sie nunmehr folgende neue Codierung für die Belegnummer aus:

**Show encoded field BELEG_NR**

| | BELEG_NR |
|---|---|
| 0 | 254 |
| 1 | 254 |
| 2 | 254 |
| 3 | 254 |
| 4 | 380 |

**Abb. 5.32** Codierte Belegnummern[140]

Die meisten Machine-Learning-Algorithmen bevorzugen es, mit Zahlen zu arbeiten. Dies gilt auch für den kNN. Lassen Sie uns daher noch die bisher vorhandenen Kategorien von Belegnummern in Zahlen konvertieren. Hier können Sie einfach auf die Funktion **LabelEncoder()** aus der Klasse **preprocessing** der Scikit-Bibliothek zurückgreifen.

**Beispiel**

```
from sklearn import preprocessing

le = preprocessing.LabelEncoder()

features['BELEG_NR'] = le.fit_transform(features['BELEG_NR'])
```

Mit dem o.g. Befehl entsteht eine Liste, die ein eindimensionaler Array von Kategorien für jedes kategorische Attribut enthält (in diesem Fall eine Liste mit einem einzigen Array, da es nur ein kategorisches Attribut gibt).

[140] Eigene Darstellung; Screenshot: T. Dreixler.

**Praxistipp:**
Denkbar ist alternativ auch eine sog. **„One-Hot"-Codierung.**[141] Wenn aber ein kategoriales Attribut eine große Anzahl möglicher Kategorien aufweist (z.B. Ländercode, Beruf, Spezies oder Belegnummer), dann führt die One-Hot-Codierung zu einer großen Anzahl von Input-Features. Dies kann das Training verlangsamen und die Leistung des Algorithmus beeinträchtigen.

Um schließlich noch eine Visualisierung zu ermöglichen, sollten die Daten noch auf einen begrenzten Datenbereich „normalisiert" (standardisiert) werden.

**Praxistipp:**
Der Zweck der Normalisierung besteht darin, alle Variablen, die zum Erstellen des neuen Features Verwendung finden, auf eine gemeinsame Skala (Standardisierung) gebracht werden. Eine effektive Methode für die Normalisierung ist die Methode **MinMaxScaler()**, die alle numerischen Daten zwischen einem skalierten Bereich von 0 bis 1 konvertiert. Die Funktion ist ebenfalls in der Scikit-Bibliothek verfügbar.

**Beispiel**

```
# Normalisierung auf den Bereich 0 bis 50

min_max_scaler = preprocessing.MinMaxScaler(feature_range=(0, 50))

x_scaled = min_max_scaler.fit_transform(features)

df = pd.DataFrame(x_scaled, columns=['BELEG_NR', 'BU_DAUER'])

st.subheader('Show encoded and standardized data fiels')

st.write(df.head())
```

[141] Vgl. https://scikit-learn.org/stable/modules/generated/sklearn.preprocessing.OneHotEncoder.html

**Show encoded and standardized data fiels**

| | BELEG_NR | BU_DAUER |
|---|---|---|
| 0 | 30.7506 | 25.0522 |
| 1 | 30.7506 | 25.0522 |
| 2 | 30.7506 | 25.0522 |
| 3 | 30.7506 | 25.0522 |
| 4 | 46.0048 | 25.4697 |

**Abb. 5.33** Datenreihe nach Codierung und Standardisierung auf einen Wertebereich[142]

Als nächstes können Sie die aufbereiteten Daten nochmals anhand eines Histogramms bzw. Streudiagramms mit der Matplotlib-Bibliothek anschauen, bevor es mit dem Training richtig losgeht:

**Beispiel**

```
# Visualierung der Daten in den Spalten BU_DAUER bzw. BELEG_NR anhand eines Histogramms

st.subheader('Histogram for field BU_DAUER')

fig1, ax1 = plt.subplots()

plt.hist(df['BU_DAUER'], bins=50)

plt.xlabel('Dauer in Tagen')

plt.ylabel('Anzahl')

st.pyplot(fig1)

st.subheader('Histogram for field BELEG_NR')

fig2, ax2 = plt.subplots()

plt.hist(df['BELEG_NR'], bins=50)

plt.xlabel('Belegnummer')

plt.ylabel('Anzahl')

st.pyplot(fig2)
```

142 Eigene Darstellung; Screenshot: T. Dreixler.

```
# Visualisierung eines Streudiagramms
st.subheader('Scatter plot (Streudiagramm)')
fig3, ax3 = plt.subplots()
ax3.scatter(df['BELEG_NR'], df['BU_DAUER']);
plt.xlabel('Belegnummer')
plt.ylabel('Buchungsdauer')
st.pyplot(fig3)
```

Dies ergibt nachfolgende Diagramme für die beiden Merkmale:

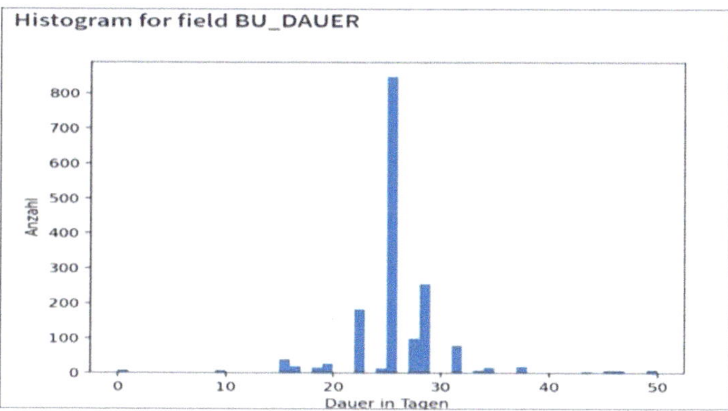


**Abb. 5.34** Histogramm für das Feld Buchungsdauer[143]

[143] Eigene Darstellung; Screenshot: T. Dreixler.

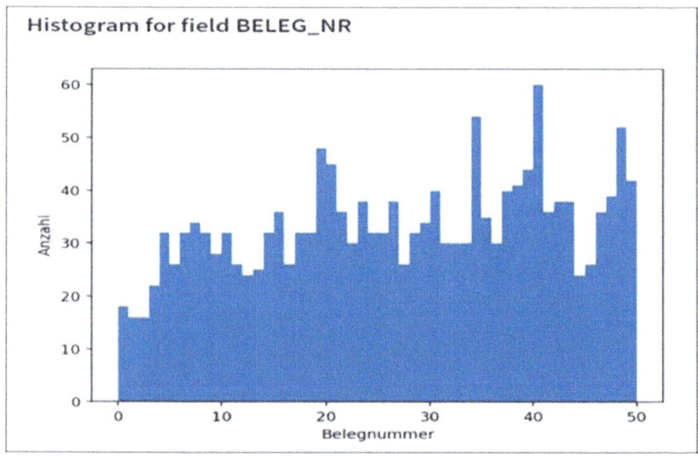


**Abb. 5.35** Histogramm für das Feld Belegnummer[144]

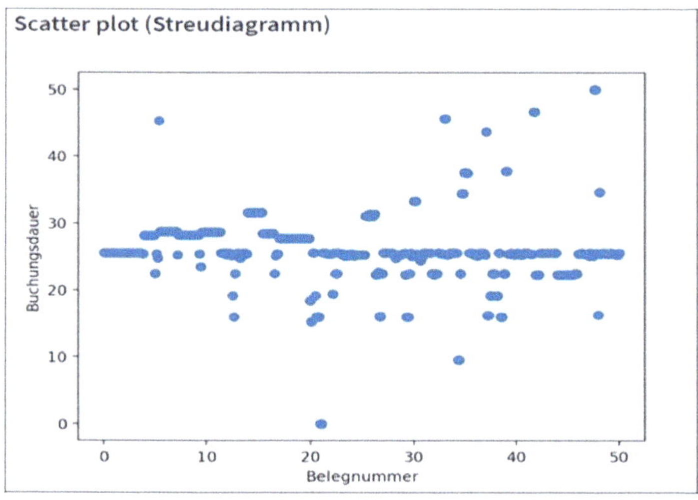


**Abb. 5.36** Streudiagramm für die Variablen Belegnummer und Buchungsdauer[145]

[144] Eigene Darstellung; Screenshot: T. Dreixler.
[145] Eigene Darstellung; Screenshot: T. Dreixler.

### 5.8.7 Initialisierung des kNN-Klassifizierers

Jetzt, da Sie aufbereitete Trainingsdatensätze haben, können Sie mit der Modellierung fortfahren und den Alorithmus darauf anwenden. Importieren Sie zunächst die Klasse kNN aus pyod.models.knn und definieren den Trainingsdatensatz mit den aufbereiteten Spalten BELEGNR und BU_DAUER durch Zuweisung des bisherigen Dataframes Features zu einer neuen Variable X_train:

**Beispiel**

```
if st.checkbox('Start Training kNN-Classifier'):

    from pyod.models.knn import KNN

    # Definieren Sie das Training-Dataset

    X_train = x
```

**Hinweis:**
Falls Sie vorklassifizierte Daten haben, wäre in den Trainingsdaten noch eine Extra-Spalte „Label" enthalten, welche die Klassifikation z.B. mit 0 für „unauffällig" oder mit 1 für „auffällig" beschreiben würde. In diesem Fall wäre auch eine Anwendung des kNN im überwachten Modus möglich.

Zum Schluss brauchen Sie lediglich noch den kNN-Klassifizierer mit einigen Hyperparametern zu instanziieren (aufrufen). Ein Hyperparameter ist eine Art von Parameter, den das Modell nicht lernen kann, der aber von Ihnen mit Ihren Erfahrungswissen bzw. Spezialwissen (sog. Domain Knowledge) festgelegt wird, um den Lernprozess des Modells abzustimmen. Für den Moment können Sie einfach nur von Standardwerten ausgehen. Im folgenden Abschnitt werden hierzu noch einige Hinweise und Erläuterungen gegeben:

**Beispiel**

```
X_Train = X_train.values

outlier_fraction = 0.10
```

```
neighbours = 20

k_metric = 'euclidean'

k_method = 'mean'

clf_name = 'KNN'

clf_knn = KNN(contamination=outlier_fraction, algorithm='auto',
n_neighbors=neighbours, metric=k_metric, method=k_method)
```

Der nächste Schritt ist das Trainieren (auch engl. **fit** genannt) des Modells mit den Trainingsdaten. Während dieses Schritts versucht das Modell, die Beziehung zwischen der Antwortvariablen und den unabhängigen Variablen zu erlernen und die erlernten Parameter zu speichern. Ergänzend sind die Merkmale und Zielvariablen als Parameter mitanzugeben:

**Beispiel**

```
clf_knn.fit(X_Train)
```

Nun, da das Modell sein Training abgeschlossen hat, können Sie die erlernten Parameter verwenden, um Vorhersagen für die von uns bereitgestellten Eingabedaten zu treffen. Im folgenden Beispiel verwenden Sie die Merkmale aus dem Trainingsdatensatz:

**Beispiel**

```
scores_pred = clf_knn.decision_function(X_Train) * -1

y_pred = clf_knn.predict(X_Train)
```

Abschließend hier noch eine Erklärung zu den o.g. Code-Zeilen bzw. Variablen:

| Variable | Erklärung |
|---|---|
| score_predict() | Dies ist der Score-Vektor für die Trainingsdaten. Diese Scoring-Funktion weist jeder Beobachtung den Ausreißerwert zu. Dabei wenden Sie decision_functions() auf die Trainingsdaten an. |
| predict() | Dies ist die Vorhersagefunktion, die jeder Beobachtung basierend auf dem zugewiesenen Schwellenwert entweder 1 oder 0 zuweist. |
| contamination | Dies ist der Prozentsatz der Ausreißer. In den meisten Fällen kennen Sie den Prozentsatz der Ausreißer nicht, sodass Sie einen Wert auf der Grundlage von Vorkenntnissen zuweisen können. PyOD versetzt die Kontaminationsrate auf 10 %. Dieser Parameter hat keinen Einfluss auf die Berechnung der Ausreißerwerte. |

Im Rahmen des Trainings können Sie jederzeit die Standardparameter des eingesetzen kNN-Klassifizierer mit der Methode **get_params()** auslesen und einzeigen lassen.

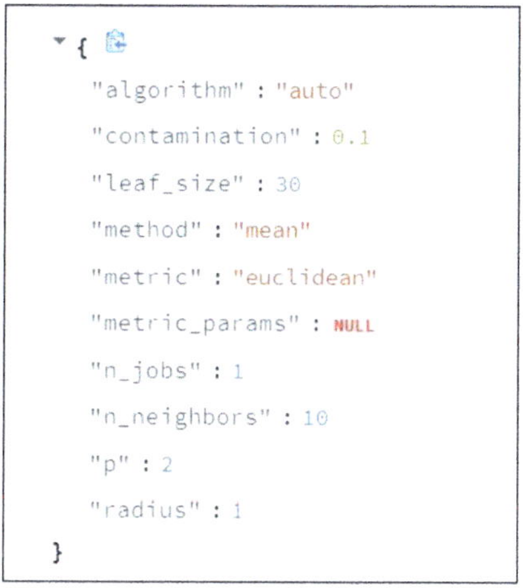

```
{
    "algorithm" : "auto"
    "contamination" : 0.1
    "leaf_size" : 30
    "method" : "mean"
    "metric" : "euclidean"
    "metric_params" : NULL
    "n_jobs" : 1
    "n_neighbors" : 10
    "p" : 2
    "radius" : 1
}
```

**Abb. 5.37** Definierte Standardparameter eines kNN-Modells[146]

[146] Eigene Darstellung; Screenshot: T. Dreixler.

Jetzt können Sie die Vorhersagen des Modells für den Datensatz ausgeben:

**Beispiel**

```
st.subheader('Results of knn-algorithm')

    n_inliers = len(y_pred) - np.count_nonzero(y_pred)

    n_outliers = np.count_nonzero(y_pred == 1)

    results = f"The amount inliers are** {n_inliers}** and the amount
of outliers are ** {n_outliers}**."

    st.write(results)
```

Das Ergebnis – eine Beschreibung der Anzahl der Außereißerwerte – stellt sich wie folgt dar:

**Results of knn-algorithm**

The amount of inliers are** 1526** and the amount of outliers are ** 151**.

**Abb. 5.38** Klassifikationsergebnis des kNN-Algorithmus[147]

Dies sind im Grunde die wichtigsten Schritte, die für das Training eines kNN-Klassifizierers erforderlich sind. Das Trainieren eines maschinellen Lernmodells ist wie Sie sehen kein Problem. Die Herausforderung besteht darin, aussagekräftige und genaue Ergebnisse zu erhalten. Im nächsten Abschnitt soll noch aufgezeigt werden, wie man die Leistung eines trainierten Modells bewertet.

[147] Eigene Darstellung; Screenshot: T. Dreixler.

### 5.8.8 Visualisierung des Lernbereichs

**Beispiel**

```
if st.checkbox('Start visualizing'):
    sns.set_style('darkgrid')
    fig1, ax1 = plt.subplots(1, 2, figsize=(15, 9), dpi=300)
    ax1 = ax1.ravel()
    predicted = clf_knn.predict(X_train)
    outliers = X_train.loc[(predicted == 1), :]
    inliers = X_train.loc[(predicted == 0), :]
    # Scatterplot mit / ohne Ausreißer
    ax1[0].scatter(inliers.BELEG_NR, inliers.BU_DAUER, edgeco-
lors='k', c='b', label='inliers')
    ax1[0].scatter(outliers.BELEG_NR, outliers.BU_DAUER, edgeco-
lors='k', c='r', label='outliers')
    # Scatterplot ohne Außreißer
    ax1[1].scatter(inliers.BELEG_NR, inliers.BU_DAUER, edgeco-
lors='k', c='b', label='inliers')
    ax1[0].set_xlabel('BELEG_NR')
    ax1[0].set_ylabel('BU_DAUER')
    ax1[1].set_xlabel('BELEG_NR')
    ax1[1].set_ylabel('BU_DAUER')
    ax1[0].legend(loc='upper left')
    ax1[1].legend(loc='upper left')
    st.pyplot(fig1)
```

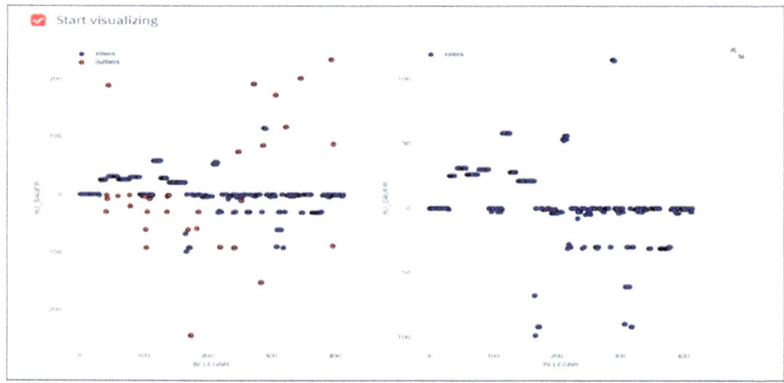


**Abb. 5.39** Markierung der Ausreißer- und Normalwerte durch den kNN-Algorithmus

Die beiden o.g. Abbildungen zeigen sowohl die vom Algorithmus erkannten Normalwerte als auch die Ausreißerwerte im Datensatz basierend auf den jeweilig eingegebenen Hyperparametern. Der kNN – Klassifizierer erzeugt eine Klassifikationsergebnis, das jedoch mangels Vorwissen nur eine Schätzung darstellt. Insoweit kann er auch als statistischer Schätzer betrachtet werden. Dabei beeinflussen die als Hyperparameter festgelegten Werte das Ergebnis des Schätzprozesses erheblich, was bedeutet, dass man manchmal mit einer sehr großen Anzahl von möglichen Hyperparametrisierungen wie die Anzahl der Ausreißer konfrontiert wird.

In den meisten Fällen kennen Sie den Prozentsatz der Ausreißer nicht. Sie können aber ein Histogramm über den zu untersuchenden Datensatz, erstellen, um ein entsprechendes Vorwissen zu erzeugen. Damit Sie sind ggf. in der Lage, in Bezug auf die festgestellten Ausreißer-Scores einen angemessenen Schwellenwert auszuwählen. Wenn es insoweit ein Vorwissen gibt, das z.B. darauf hindeutet, dass die Anomalien im Datensatz bei 1 % liegen, sollten Sie einen Schwellenwert wählen, der ungefähr 1 % der Anomalien ergibt.

Im Allgemeinen haben sich die Entwickler von Bibliotheken für maschinelles Lernen bemüht, sinnvolle Standardhyperparameter für derartigen Schätzmethoden festzulegen. Ein allgemein gültiges Rezept für die Festlegung solcher Paramater gibt es jedoch nicht. Daher gilt es, den Algorithmus für jeden Einzelfall selbst zu testen und den jeweils besten Hyperparamterwert für die individuelle Situation zu finden.

# 6 Deployment auf Webservern

**Neben der Entwicklung von Python-Skripten ist auch deren Bereitstellung zentraler Bestandteil von Softwareentwicklungsprozessen. Ziel ist am Ende die fertiggebaute und potenziell auslieferbare Anwendung. Ein solcher Prozess ist teilweise langwierig und beginnt beim Übertragen von neuem Code in das jeweilige Code-Verwaltungssystem. Heutzutage sind solche Prozesse als Continuous Delivery (CD) umgesetzt. Die Idee dahinter ist, die jeweils aktuellen Code-Änderungen permanent auszuliefern. Dabei geht es im Rahmen von Code Updates nicht nur um die reine Fehlerbehebung, was bereits im Abschnitt 3.11 angesprochen wurde. Heutzutage geht es vor allem um Time-to-Market, um neue Ideen (Features), möglichst zeitnah zu realisieren und damit auf die Kundenwünsche zu reagieren. Wie Sie Ihre Python-Skripte in einem solchen Prozess umsetzen können, wird in den beiden letzten Abschnitten näher beleuchtet. Dabei wird zum einen das führende Code-Verwaltungssystem GitHub und daneben der Cloud-Dienst Heroku vorgestellt, die beide ohne viel Aufwand in einem solchen CD-Prozess interagieren können, um Ihre Apps in Minuten auszuliefern.**

## 6.1 Code-Verwaltung mit GitHub

### 6.1.1 Was ist GitHub?

GitHub ist eine Webseite, die Milliarden von Code-Zeilen hostet. Hier versammeln sich jeden Tag Millionen von Entwicklern, um Code-Versionen zu verwalten, zusammenzuarbeiten und Probleme mit Open-Source Software zu melden. GitHub bietet einen guten Überblick über den Projektstatus und eine eigene Versionskontrolle als Hauptfunktionalität. Mit GitHub kann man am eigenen Code mit anderen Entwicklern zusammenarbeiten und dabei Bugs und Features (Erweiterungen) diskutieren. Kurz gesagt, es ist eine Plattform für Softwareentwickler (Code-Versionsmanagement bzw. -verwaltung) und basiert auf Git. Als Entwickler können Sie es nicht vermeiden, GitHub oder ein anderes Git-basiertes Tool täglich als Teil Ihrer Arbeit zu verwenden. Es wird verwendet, um entweder Ihren Code zu hosten oder um am Code mit anderen Personen zusammenzuarbeiten. Dieser Abschnitt erklärt einige Schlüsselkonzepte von GitHub. Es wird dabei erläutert, wie Sie einige seiner Funktionen nutzen können, um Ihr Projekt zu verwalten und Ihren Workflow zu verbessern.

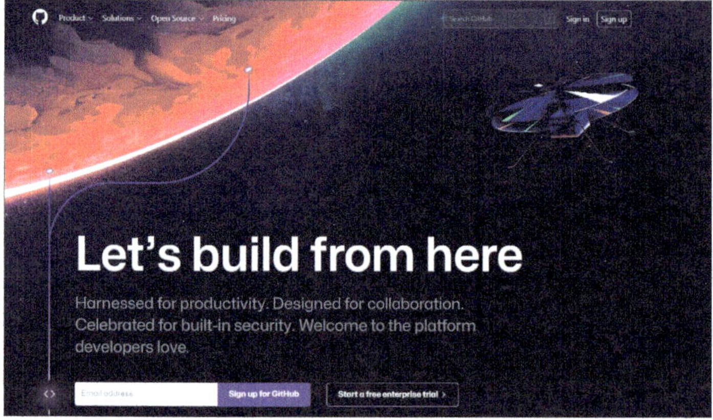


**Abb. 6.1** Github – Heimat des Open-Source-Codes[148]

**Praxistipp:**
Git ist ein Vorgänger von GitHub. Im Unterschied zu Git, dass als Kommandozeilen-Tool entwickelt wurde, enthält es eine grafische Oberfläche und ist für die Versionsverwaltung damit sehr anwenderfreudlich und hervorragend geeignet.[149] Die verwendeten Konzepte der Versionsverwaltung sind jedoch in beiden Systemen identisch.

### 6.1.2 Einstieg in die Code-Verwaltung

Im Folgenden sollen die wesentlichen Schritte der Code-Verwaltung mit GitHub mit seinen Vorzügen anhand eines Beispielprojekts demonstriert werden. Dabei haben Sie ein Python-Projekt mit einigen Dateien erstellt und wollen nun die jeweiligen Versionen der Dateien erfassen, da Sie planen, Änderungen daran vorzunehmen. In dem Beispiel soll

148 Eigene Darstellung; Screenshot: T. Dreixler.
149 Vgl. https://git-scm.com/book/en/v2/Getting-Started-The-Command-Line

sich das Projekt in einem Ordner auf Desktop-Ebene, d.h. lokal auf Ihrem Rechner, befinden.

In GitHub werden bei Änderungen am Code lediglich Schnappschüsse der Änderungen an den Skriptdateien anstatt der geänderten Dateien selbst aufgezeichnet. Die zentralen Schritte der Codeverwaltung bestehen damit im Wesentlichen aus:

- Initialisierung,
- Hinzufügen von neuen Dateien,
- Ändern von Dateien,
- Einchecken der Änderung,
- Auschecken von Dateien.

In einem **GitHub-Verzeichnis** (Repository) sind die **zwei Hauptzustände** einer Datei zu unterscheiden: zum einen **Dateien mit Versionskontrolle** und zum anderen **Dateien ohne Versionskontrolle**. Sofern eine *Datei unter Versionskontrolle* steht, bestehen deren Hauptzustände in *„Geändert“*, *„Zum Einchecken vorgesehen“* und *„Eingecheckt“*.[150] Dieser Status kann in einem solchen System jederzeit auch abgefragt werden.

Als erster Schritt muss das lokale GitHub-Repository mit Ihren Code-Dateien initialisiert werden. Auf Kommandozeilenebene entspricht dies dem Befehl:

**Beispiel**

```
# Initialisieren eines GitHub-Repositorys

git init
```

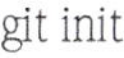

[150] Vgl. auch https://git-scm.com/book/en/v2/Getting-Started-What-is-Git%3F

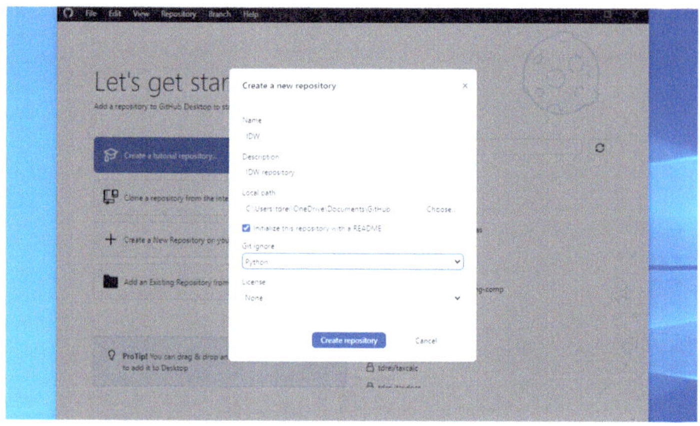


**Abb. 6.2** Anlage eines neuen Repositorys auf GitHub-Desktop[151]

Wenn man in GitHub auf die Versionskontrolle für bestimmte Dateien und Verzeichnisse verzichten möchte, kann man eine sog. **„.gitignore“**-Datei erstellen, in der alle Dateien ggf. mit Dateiendung aufgezeichnet werden. Bei der Initialisierung eines Repositorys hat GitHub regelmäßig noch keine **.gitignore-Datei** erstellt.

Sollte bereits ein Repository existieren und als Ausgangsbasis für den eigenen Code genutzt werden, kann dies auch einfach kopiert werden wie folgt:

**Beispiel**

# Kopieren Sie ein bestehendes Repository

git clone git_address

In einem nächsten Schritt soll eine neue Datei der Versionskontrolle hinzugefügt, eine bestehende Datei gelöscht oder verändert werden. Hierfür kann der folgende Befehl ausgeführt werden:

151 Eigene Darstellung; Screenshot: T. Dreixler.

**Beispiel**

```
# Fügen Sie eine neue Datei der Versionskontrolle hinzu

git add file

# Zeichnen Sie eine Code-Änderung im Code-Verwaltungssystem auf

git commit –m "Beschreibung"
```

In dem o.g. Code dient der sog. **Commit**-Befehl nach dem **add**-Befehl dazu, die Versionierung für eine solche Änderung (Hinzufügen, Löschen, Ändern) auszuführen und diese damit aufzuzeichnen.

Um den Code nun verteilen zu können, ist in GitHub ein sog. **Remote** erforderlich. Dieser ist ein von GitHub verwaltetes Cloud-Repository, das über SSH zugänglich ist. Nach der Einrichtung eines Remotes gilt es, den lokalen Code mit dem Befehl „**Push**" ins zentrale Repository zu übertragen. Dies gelingt mit dem Push-Befehl:

**Beispiel**

```
# Schieben Sie den neuen Code zum Cloud-Repository z.B. zur Veröffentlichung

git push "name_of_branch"
```

Damit haben z.B. andere Teammitglieder nun Zugriff auf diesen Code. Diese können ihr bisher lokales Repository wiederum über den folgenden Befehl aktualisieren und haben somit direkten Zugriff auf die neue Code-Version.

**Beispiel**

```
# Holen Sie neue Änderungen der jeweiligen "Branche" bzw. "Verzweigung" aus dem Repository

git pull "name of_branch"
```

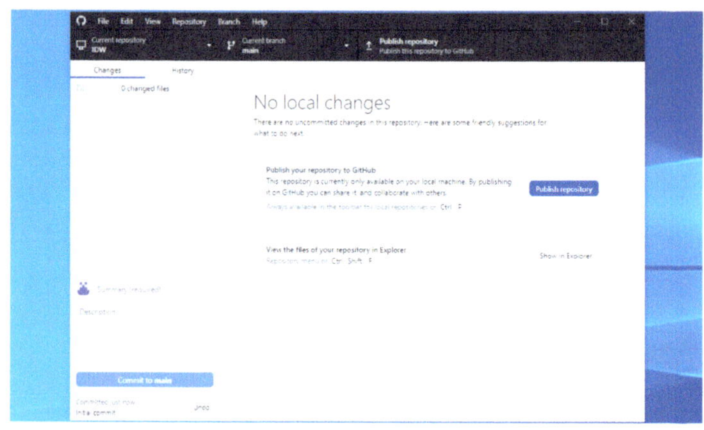


**Abb. 6.3** Mit dem Befehl „Commit to main" eine Code-Änderung auf GitHub pushen

### 6.1.3 GitHub-Einrichtung

Man unterscheidet zwei Software-Versionen von GitHub, nämlich GitHub und GitHub-Desktop.

GitHub ist die Standardausführung der Code-Verwaltung in der Cloud und ist im Webbrowser erreichbar. Währenddessen ist GitHub-Desktop eine Anwendung, mit der Sie mit GitHub über eine GUI anstelle der Befehlszeile oder einen Webbrowser interagieren können (lokale Code-Versionsverwaltung). Beide Versionen stellen ein ideales Paar dar. Coding kennt somit keine Grenzen. Mit der mobilen Version von GitHub ist es sogar möglich, z.B. auf dem Weg zur Arbeit schnell in der S-Bahn einen Softwarebug über das Handy zu beheben und am Abend diese Änderung zu Hause auf dem eigenen Desktop lokal herunterzuladen. GitHub verwaltet insoweit den Quellcode über ein verteiltes Repository im Desktop und in der Cloud und sogar auf dem Handy, wenn Sie möchten.

Wenn Sie den GitHub Free-Plan abonnieren, können Sie die verfügbaren Funktionen nutzen und es ist – zumindest aktuell noch – kostenlos!

### 6.1.4 Code, Issues und Pull Requests

Die Registerkarten **Code**, **Issues** und **Pull Requests** (PR) sind das Herzstück von GitHub. Hier kann man seinen Code z B. in ein Python-Skript-Datei ablegen und verwalten. Unter Registerkarte **Code** liegen die Code-Dateien (Repository) für die einzelnen Projekte und ist somit der Arbeitsplatz der Entwicklung. Jedes Projekt kann als privates oder öffentliches Projekt angelegt werden. Unter der Registerkarte **Issues** werden die Probleme von Code behandelt, die z.B. auch von anderen Entwicklern gemeldet werden können. Die Probleme können auf dieser Seite unterschiedlich über Labels gekennzeichnet werden. Dagegen ist Inhalt eines Pull Requests ein Änderungsvorschlag für das Projekt bzw. eine Datei bzw. Code-Zeile des Projekts. Dabei kann es sich um Fehler oder auch um eine Verbesserung handeln.

Die Beliebtheit von öffentlichen Code-Projekten ist die Anzahl von sog. **Forks**. Dies ist ebenfalls ein Schlüsselelement von GitHub. Forks sind Kopien von anderen Code-Verzeichnissen anderer Entwickler in ihre eigene Arbeitsumgebung und entspricht der Bücherausleihe in einer Bibliothek.

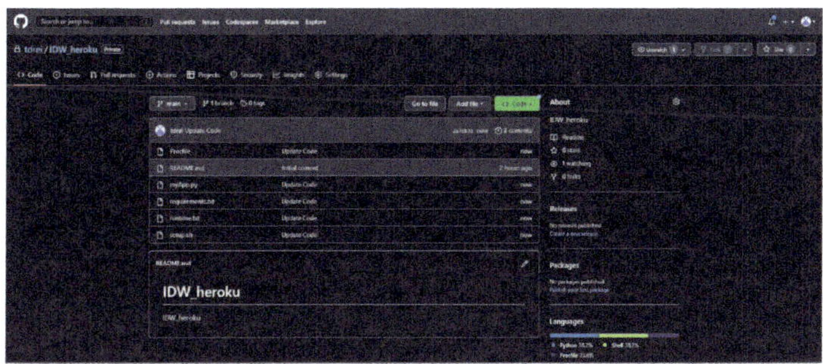


**Abb. 6.4** Oberfläche von GitHub[152]

Ein weiteres beliebtes Feature von GitHub ist die Möglichkeit, ein Repository mit einem Stern zu markieren (engl. to star). Diese Aktion erlaubt es Ihnen, ein solches Verzeichnis in Ihre Liste der „Stars-Repositories" aufzunehmen, weil Sie diese interessant finden und daber es wert ist, über deren Status informiert zu werden. Es ist auch einer der wichtigsten Bewertungsmechanismen, denn je mehr „Stars" ein Repo (Abkürzung für ein Repository) hat, desto beliebter und wichtiger ist es im All-

[152] Eigene Darstellung; Screenshot: T. Dreixler.

gemeinen. Dies führt dazu, dass es in den Suchergebnissen prominenter erscheint. Großprojekte können Zehntausende von Stars haben.

**Praxistipp:**
Das „Forken von GitHub-Projekten" ist für die Weiterentwicklung der eigenen Python-Kenntnisse und zur Ideenfindung sehr nützlich und unbeding zu empfehlen. Ein interessantes Python-Projekt bietet z.B. das amerikanische AICPA an.[153] Dieses beinhaltet Python-Code für die Durchführung von JET-Prüfungshandlungen im SAP Hauptbuch.

### 6.1.5 GitHub Actions

GitHub bietet viele Funktionen, die den Entwickler-Workflow unterstützen. Hervorzuheben ist dabei GitHub Actions.

GitHub Actions ermöglicht es, externe Dienste zu starten, wenn bestimmte Ereignisse im Repository auftreten, z.B., wenn Code gepusht, eine Gabelung gemacht wird oder ein Tag erstellt oder gelöscht wurde. Man spricht auch von Webhook. Wenn ein Ereignis eintritt, sendet GitHub eine POST-Anfrage an die URL, die zuvor festgelegt wurde.

Eine häufige Verwendung dieser Funktion besteht darin, einen Remote-Server anzupingen, um den neuesten Code von GitHub abzurufen, wenn Sie ein Update von einem lokalen Computer übertragen.

Sie pushen Code auf GitHub, GitHub teilt dem Server mit, dass Sie Code gepusht haben, und der Server zieht/holt sich den neuen Code von GitHub. Oder sie können beispielsweise einen Testrunner so einrichten, dass er die Tests jedes Mal automatisch ausführt, wenn Sie einige neue Commits mit GitHub pushen. GitHub Actions sind Integrationen von Drittanbietern, die die Entwicklererfahrung verbessern oder die Automatisierung des Softwaretestings und -verteilungsprozesses auf den verschieden Cloud-Plattformen, wie AWS, Microsoft Azure oder Google Cloud Platform (sog. Continous Integration (CI)-Prozess).

153 Vgl. https://github.com/AICPA-AuditDataAnalytics2018/ADS---Python-Example-

**Praxistipp:**
Im Anhang C finden Sie ein Beispiel einer GitHub-Action für das Deployment einer Streamlit-App.

## 6.2 Deployment mit Heroku und GitHub

In diesem Abschnitt wird gezeigt, wie Sie Ihren Code, den Sie auf der GitHub (Cloud-Version) hochgeladen haben, weiter nach Heroku pushen, um diesen dann als App im Internet bereitzustellen. Sie werden in der Lage sein, in wenigen Minuten eine neue Version Ihres Codes z.B. im Rahmen von Bugfixes bereitzustellen.

**Hinweis:**
Was ist Heroku? Heroku ist eine Platform as a Service (PaaS), die es Entwicklern ermöglicht, Anwendungen vollständig in der Cloud zu erstellen, auszuführen und zu betreiben. Heroku ist ideal geeignet, um Apps zu hosten, weil es einfach einzurichten ist und dort ein kostengünstiger Tarif in der Regel für die meisten Zwecke verfügbar ist.

Als Beispiel einer App, die Sie auf diese Weise bereitstellen wollen, soll der Code aus der Basis-Streamlit App des Abschnitts 4.5.3 herangezogen werden. Zur Erinnerung sei nachfolgend nochmals der Code dargestellt. Dieser Code fügen Sie in eine Datei namens myApp.py ein und speichern ihn ab.

**Beispiel**

```
import streamlit as st

def main():

    # Schreibe Hallo Welt

    st.write("Hallo Welt")

if __name__ == "__main__":

  main()
```

**Hinweis:**
Die nachfolgenden Schritte sind spezifisch für die Plattform Heroku und können daher nicht auf andere Plattformen, wie Microsoft Azure oder Google Cloud Platform, übertragen werden. Hierfür sei auf die entsprechende Dokumentation verwiesen.

Als weiteren Schritt müssen Sie Heroku noch mitteilen, dass es sich bei Ihrem Skript um ein Programm handelt, das einen bestimmten Python-Interpreter (sog. Runtimte) voraussetzt. Heroku wird gemäß dieser Anweisung die jeweils angegebene Python-Version auf dem Server bereitstellen. Fügen Sie Ihrem Repository noch eine Datei namens „runtime.txt“ mit dem beispielhaften Inhalt der von Heroku zu verwendenden Python-Version hinzu.[154]

**Beispiel**
python-3.11.1

**Hinweis:**
Wenn Sie Ihr Skript lokal entwickelt haben, können Sie die Python-Version Ihrer Entwicklungsumgebung mit dem folgenden Befehl ermitteln und in die Datei runtime.txt eintragen.

# Ermitteln der Python-Version und entsprechende beispielhafte Ausgabe

python -v

>>>3.9.11

Als nächstes erstellen Sie eine Datei mit der Bezeichnung und Endung setup.sh, welche die Konfiguration des Toml-Servers von Streamlit enthält.[155] Dies ist eine Shell-Datei, mit der Sie Heroku die erforderlichen Befehle zum Starten der Anwendung mitteilen. Kopieren und fügen Sie den folgenden Code in die Datei ein:

154 Zu den von Heruku unterstützten Python-Versionen s. auch https://devcenter.heroku.com/articles/python-support#supported-runtimes

155 Vgl. https://docs.streamlit.io/library/advanced-features/configuration

**Beispiel**

```
# Das ist der Inhalt der shell.sh-Datei

mkdir -p ~/.streamlit/

echo "\

[server]\n\

headless = true\n\

enableCORS=false\n\

port = $PORT\n\

" > ~/.streamlit/config.toml
```

**Hinweis:**

1. Streamlit bietet vier verschiedene Möglichkeiten zum Festlegen von Konfigurationseinstellungen (z.B. Darstellungen und Design). Verwenden Sie diese Datei, um die Konfigurationseinstellungen von Streamlit zu nutzen.
2. Stellen Sie sicher, dass Sie die Datei im gleichen Verzeichnis des auszuführenden Skripts „myApp.py" ablegen.
3. Wenn Sie diese Datei nicht hinzufügen, erhalten Sie eine Fehlermeldung, wenn Sie Ihre App auf Heroku bereitstellen.

Als nächstes fügen Sie dem Repository auf GitHub eine sog. Procfile-Datei hinzu. Hierfür speichern Sie eine neue Datei mit dem Namen Procfile – und wie die Setup.sh-Datei – ebenfalls ohne Dateinamen-Erweiterungen ab. Die Procfile ist ein eigener Dateityp für Heroku und gibt als Shell-Datei die Befehle an, die der Heroku-Server beim Start ausführen soll.[156] Stellen Sie sicher, dass Sie die Datei im gleichen Verzeichnis des auszuführenden Skripts „myApp.py" ablegen.

156 vgl. https://devcenter.heroku.com/articles/procfile

**Beispiel**

# Das ist der Musterinhalt einer Procfile-Datei

web sh setup.sh && streamlit run myApp.py --host=0.0.0.0 --port=${PORT:-5000}

Wenn Sie Ihr eigenes Projekt verwenden, ändern Sie den Dateinamen myApp.py entsprechend Ihres Skriptnamens ab. Das „web" bedeutet, dass es sich um eine Web-App handelt. Optionale Parameter sind dabei die Angaben zum Host und zum Port. Sie geben in der Shell-Datei auch an, welches Python-Skript als app.py ausführen muss.

Wie Sie bereits unter Abschnitt 3.8 zu den Modulen gesehen haben, benötigen Sie für manche Python-Skripte bestimmte Bibliotheken, die Sie ggf. auch lokal beim Entwickeln und Testen verwendet haben. Damit der Heroku-Server diese kennt und vor dem Aufruf des Befehls der Procfile „streamlit run myApp.py" installiert, erstellen Sie eine requirements.txt-Datei (keine Großbuchstaben!) in Ihrem Verzeichnis und nennen Sie alle Bibliotheken in der Datei, die Sie in Ihrem Python-Skript verwenden wollen. In dem myApp.py-Beispiel wird nur die Streamlit-Bibliothek benötigt, die es gilt einzufügen. Fügen Sie daher der Datei requirements.txt nur den folgenden Inhalt, nämlich die Angabe der aktuell zu verwendenden Bibliothek,[157] hinzu:

**Beispiel**

streamlit==1.17.0

Es wird von Heroku empfohlen, explizite Bibliotheks-Versionen in Ihrer Anforderungsdatei „requirements.txt" anzugeben. Um diese Datei zu aktualisieren, können Sie den Befehl „pip freeze", wie bereits im Abschnitt 2.2 gezeigt, in Ihrer aktiven virtuellen Umgebung verwenden. Sobald Sie alle erforderlichen Dateien erstellt haben, gilt es als letzten Schritt noch, Ihr Repository auf GitHub mit Heroku zu verbinden und den Code von GitHub auf Heroku bereitzustellen.

157 https://docs.streamlit.io/library/changelog

**Hinweis:**
Alternativ zu GitHub gibt es auch ein Kommandozeilen-Tool (CLI) von Heroku, dass Sie von Heroku herunterladen können. Damit sind Sie in der Lage, sich von Ihrem lokalen Rechner direkt mit Heroku zu verbinden und Ihren Code auf dieser Plattform bereitzustellen.

Ihr Repository auf GitHub sollte an dieser Stelle wie folgt aussehen:

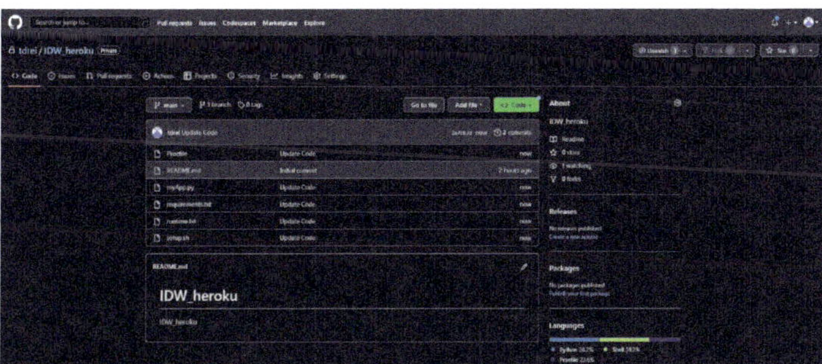


**Abb. 6.5** GitHub-Repository als Beispiel mit einer Readme-Datei (u.a.)[158]

Stellen Sie sicher, dass Sie einen Cloud-Account auf Heroku erstellt haben. Sehen Sie sich den Link unten an, um ein Konto zu erstellen.

**Praxistipp:**
Um ein Heroku-Entwicklerkonto einzurichten, gehen Sie auf folgende Seite https://signup.heroku.com und registrieren Sie sich.

Gehen Sie in Heroku auf den Menüpunkt „Personal“. Erstellen Sie dann über den Button „New“ eine neue App und bezeichnen Sie diese entsprechend.

158 Eigene Darstellung; Screenshot: T. Dreixler.

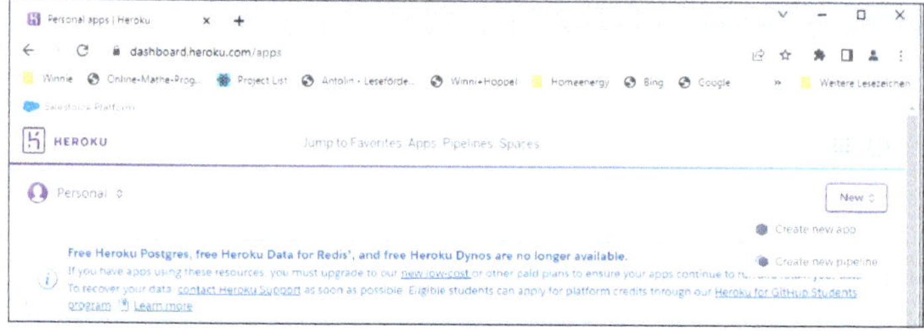


**Abb. 6.6** Oberfläche von Heroku[159]

Sie werden dabei aufgefordert, den Namen der App und den Server-Standort (USA oder Europa) anzugeben. Im Anschluss wird das Gerüst der App, in der Sie das Python-Skript einfügen, von Heroku erzeugt.

Navigieren Sie danach in Heroku zur Registerkarte „Deploy" und klicken Sie unter „Deployment Method" auf das GitHub-Logo, um Heroku zu authentifizieren und zu autorisieren, so dass Code von Ihrem GitHub-Konto auf Heroku bereigestellt wird. Im Anschluss daran wird eine Verbindung zwischen Heroku und GitHub-Konto mitsamt Ihren Code-Repositories hergestellt. Wählen Sie im Anschluss daran unter „Connect to GitHub" das Repository aus, das Sie in dem zuvor erstellten App-Gerüst bereitstellen wollen.

[159] Eigene Darstellung; Screenshot: T. Dreixler.

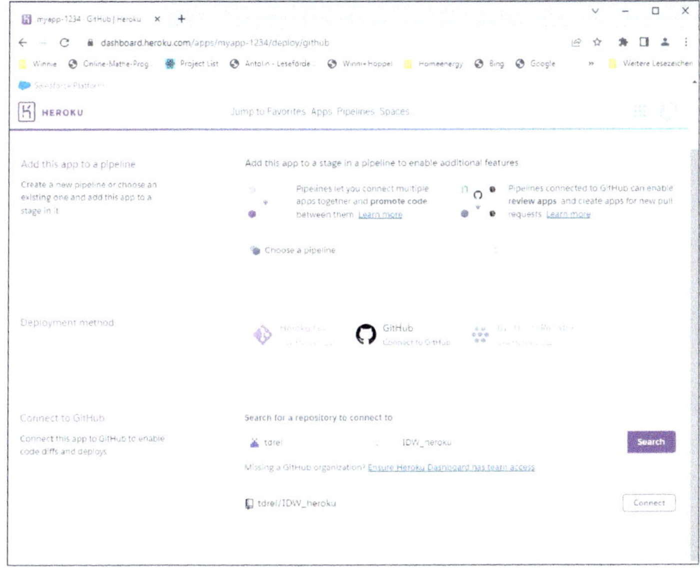


**Abb. 6.7** Verknüpfung von Heroku mit GitHub im Rahmen eines CD-Prozesses[160]

Zum Schluss gilt es noch, die Art der Bereitstellung Ihrer Code-Änderungen zu definieren. Neben der manuellen Methode haben Sie auch die Möglichkeit, Ihre Code-Änderungen automatisch in einem CD/CI-Prozess bereitzustellen (sog. „Automatic Deployment“). Heroku übernimmt damit die Steuerung ganz automatisch und veröffentlicht eine neue Version, sobald Sie auf GitHub eine Code-Änderung vorgenommen haben.

Am Ende des Prozesses steht Ihr Python-Skript als App unter dem jeweiligen Namen mit der beispielhaften URL „<Name der app>.herokuapp.com“ bereit. Öffnen Sie hierfür einen Browser und geben dann diese URL ein.

[160] Eigene Darstellung; Screenshot: T. Dreixler.

# 7 Anhang

## 7.1 Anhang A: Streamlit-GUI-Elemente[161]

| Streamlit-Element | Ausgabe im Browser |
|---|---|
| st.text("Ein Text") | Text mit fester Breite und vorformatiertem Text |
| st.write("Begriff") | Ausgabe eines Textes je nach Eingabe, entspricht dem Print()-Befehl |
| st.markdown(body, unsafe_allow_html=False) | Zeichenkette mit Markdown formatiert |
| st.title("Mein Titel") | Eine als Titel formatierte Zeichenkette |
| st.header("Meine Kopfzeile") | Eine als Kopfzeile formatierte Zeichenkette |
| st.subheader("Zwischenüberschrift") | Eine als Zwischenüberschrift formatierte Zeichenkette |
| st.dataframe(data="...", width="...", height="...") | Eine interaktive Tabelle auf Basis eines Dataframes als Eingabewert |
| st.table(data="...") | Eine Tabelle ohne Interaktion auf Basis eines Dataframes als Eingabewert |
| st.line_chart(data="...", width=0, height="...", use_container_width=True) | ein Liniendiagramm |
| st.bar_chart(data="...", width=0, height="...", use_container_width=True) | ein Balkendiagramm |
| st.area_chart(data="...", width=0, height="...", use_container_width=True) | ein Flächendiagramm |
| st.altair_chart(altair_chart, use_container_width=True) | ein Altair-Diagramm |
| st.button(label, key=None, help=None) | eine interaktive Schaltfläche |
| st.checkbox(label, value=False, key=None, help=None) | eine interaktive Checkbox |
| st.radio(label, options, index=0, key=None, help=None) | eine interaktive Optionsauswahl |
| st.selectbox(label, options, index=0, key=None, help=None) | eine interaktive einfache Auswahl |

161 Vgl. hierzu auch die API-Dokumentation von Streamlit unter https://docs.streamlit.io/library/api-reference

| Streamlit-Element | Ausgabe im Browser |
|---|---|
| st.multiselect(label, options, index=0, default=None, key=None, help=None) | eine interaktive Mehrfachauswahl |
| st.slider(label, min_value=None, max_value=None, step=None, key=None, help=None) | ein interaktiver Schieberegler |
| st.text_input(label, value="", key=None, help=None) | eine einzeilige Texteingabe |
| st.number_input(label,min_value=None, max_value=None, key=None, help=None) | eine Eingabe für Zahlenwerte |
| st.date_input(label, value=None, key=None, help=None) | eine Datumsauswahl |
| st.file_uploader(label, type=None, accept_multiple_files=False, key=None, help=None, type='csv') | ein Datei-Uploader, der eine oder mehrere Dateien (z.B. CSV-Dateien) laden kann |
| st.columns(spec), z.B.<br>col1, col2 = st.columns(2)<br>col1.subheader(‚Zwischenüberschrift Spalte 1 ‚) | legt ein Zwei-Spalten-Schema als Raster für die Oberfläche fest, die dann für die einzelnen Spalten unterschiedlich designt werden kann |

## 7.2 Anhang B: Nützliche öffentliche Datenquellen für den Lagebericht

| Quelle | Beschreibung | Art der Abfrage | URL |
|---|---|---|---|
| Bundesbank | Konjunkturdaten und weitere Zeitreihen | CSV, SDMX (XML). | https://www.bundesbank.de/de/statistiken/zeitreihen-datenbanken |
| Destatis | Datenbank des Statistischen Bundesamtes | Excel, CSV, Web-API (SOAP [XML]/RESTful [JSON]) | https://www-genesis.destatis.de/genesis/online |
| DIHK | Konjunkturindikatoren, Konjunkturprognosen und mehr | Excel | https://www.dihk.de/de/themen-und-positionen/wirtschaftspolitik/konjunktur-und-wachstum/zahlen-und-fakten-3268 |
| DIW | Konjunkturbarometer und -prognosen | CSV | https://www.diw.de/de/diw_01.c.623934.de/konjunkturprognosen/konjunkturprognosen_und_konjunkturbarometer.html |

| Quelle | Beschreibung | Art der Abfrage | URL |
|---|---|---|---|
| ECB | Datenbank der europäischen Zentralbank | CSV, Web-API SDMX (XML) | https://sdw.ecb.europa.eu/ |
| Eurostat | Datenbank der europäischen Statistikbehörde | Text (TSV or CSV)-Format<br>JSON-STAT-Format<br>XLSX-Format<br>SDMX-Format | https://ec.europa.eu/eurostat/data/database |
| Ifo | Ifo-Konjunkturumfrage | XLSX | https://www.ifo.de/ifo-zeitreihen |
| IfW Kiel | IfW Konjunkturbericht | HMTL | https://www.ifw-kiel.de/de/themendossiers/konjunktur/ |
| OECD | Datenbank der OECD | Excel, CSV, Web-API (SDMX [XML]) | https://stats.oecd.org/ |
| Sachverständigenrat | Zeitreihe der Konjunkturprognosen des Sachverständigenrats | CSV | https://www.sachverstaendigenrat-wirtschaft.de/konjunkturprognose-2022.html |
| ZEW | ZEW-Zeitreihe | | http://ftp.zew.de/pub/zew-docs/div/konjunktur.xls |

## 7.3 Anhang C: Beispiel einer GitHub Action für das Deployment einer Streamlit-App auf Heroku

Führen Sie hierfür auf GitHub folgende Schritte aus:

1. Erstellen Sie ein neues Verzeichnis **./github** in Ihrem GitHub-Repository
2. Erstellen Sie darin einen Ordner namens **workflows**
3. Erstellen Sie im Verzeichnis **./github/workflow** eine Datei mit der Endung **.yml** und dem folgenden Inhalt, den Sie entsprechend an Ihre Verhältnisse anpassen.

**Beispiel**

```
name: Deploy
on:
  push:
    branches:
    - master
jobs:
  build:
    runs-on: ubuntu-latest
    steps:
    - uses: actions/checkout@v2
    - uses: akhileshns/heroku-deploy@v3.12.12 # This is the action
      with:
      heroku_api_key: ${{secrets.HEROKU_API_KEY}}
      heroku_app_name: "app-name" #Name der Heroku-App
      heroku_email: "xxx@gmail.com" # Ihre Emaill-Adresse
```

**Hinweis:**
Um den Code von GitHub auf Heroku zu pushen, ist die Hinterlegung des API-Schlüssels für Heroku auf GitHub erforderlich. Hinterlegen Sie daher für die App, die Sie so veröffentlichen wollen, unter der Registerkarte **Secrets** beim Menüpunkt **Actions** Ihren auf Heroku erzeugten API-Schlüssel, um die GitHub Action auf Heroku zu autorisieren.

# 8 Verzeichnisse

## 8.1 Literaturverzeichnis


Beck'scher Bilanzkommentar, 13. Auflage 2022.

Dokumentationsseite von Anaconda, https://docs.anaconda.com/anaconda-api/index.html.

Dokumentationsseite von implisense.com, https://docs.implisense.com/api/.

Dokumentationsseite von Jupyter, https://docs.jupyter.org/en/latest/.

Dokumentationseite von Python, https://docs.python.org/3/.

Dokumentationsseite von streamlit.io, https://docs.streamlit.io/library/api-reference.

Dreixler, Anomalieerkennung mit Machine Learning-basierten Verfahren für die Abschlussprüfung – Ein Einblick in Konzepte und zukünftige Anwendungsmöglichkeiten, WP Praxis 6/2020, S. 172.

Dreixler, Automatische Tools und Techniken (ATT) am praktischen Beispiel – Konzeption und Entwicklung einer Datenpipeline zur EZB, WP Praxis 10/2021, S. 343.

Dreixler, Going-Concern-Prämisse unter Stress – Ein Anwendungsbeispiel zur Quantifizierung der wesentlichen Unsicherheit mittels Monte-Carlo-Simulation, WP Praxis 4/2022, S. 138.

Herold/Lurz/Wohlrab: Grundlagen der Informatik, 2. Aufl. 2012, München.

Hilfe-Portal von GitHub, https://support.github.com/

Hilfe-Portal von heroku, https://devcenter.heroku.com/articles/python-support

Hilfe-Portal von SAP SE, https://help.sap.com

IDW Institut der Wirtschaftsprüfer e.V.: Fragen und Antworten zur praktischen Anwendung von Automatisierten Tools und Techniken (ATT) im Rahmen der Abschlussprüfung, IDW Life 11/2020.

IDW Institut der Wirtschaftsprüfer e.V.: Stellungnahme zur Rechnungslegung: Besonderheiten der handelsrechtlichen Fremdwährungsumrechnung bei Instituten (IDW RS BFA 4).

Fachausschuss für Unternehmensbewertung und Betriebswirtschaft des IDW (FAUB): Ergänzung in den F & A zu IDW S 1 i.d.F. 2008 (Anlage zu Frage 3.2), IDW Life 8/2016, S. 731.

Fachausschuss für Unternehmensbewertung und Betriebswirtschaft des IDW (FAUB): Ergänzung in den F & A zu IDW S 1 i.d.F. 2008 (Anlage zu Frage 3.2), BB 2017, S. 1385.

Fachausschuss für Unternehmensbewertung und Betriebswirtschaft des IDW (FAUB): Der Basiszins bei der Ermittlung der Kapitalkosten im Rahmen des Capital Asset Pricing Model, WPg 2023, S. 134 ff.

IDW Institut der Wirtschagtsprüfer e.V.: Fragen und Antworten: Zur praktischen Anwendung der Grundsätze zur Durchführung von Unternehmensbewertungen nach IDW S 1 i.d.F. 2008 (F & A zu IDW S 1 i.d.F. 2008).

Ernesti, Kaiser: Python 3 – Das umfassende Buch, 7. Auflage 2023, Bonn (verfügbar als Open Access-HTML-Version auf dieser Seite: https://openbook.rheinwerk-verlag.de/python/index.html).

Svensson (1995), Estimating Forward Interest Rates with the Extended Nelson & Siegel Method, Riksbank Economic Review 3/1995, als Erweiterung zu Nelson/Siegel (1987), Parsimonious Modeling of Yield Curves, The Journal of Business 4/ 1987.

Wes McKinney, Python for Data Analysis – Data Wrangling with pandas, NumPy and Jupyter, 3. Auflage 2022 (verfügbar Open Access-HTML-Version auf dieser Seite: https://wesmckinney.com/book/).

WPH Edition, Bewertung und Transaktionsberatung, 2018.

## 8.2 Stichwortverzeichnis